宇宙はこう考えられている

ビッグバンからヒッグス粒子まで

青野由利 Aono Yuri

★――ちくまプリマー新書

195

プロローグ

東京大学・安田講堂の裏手にある理学部1号館の2階に「小柴ホール」という名の講堂があります。長年、理学部で研究してきた小柴昌俊さんが1987年に超新星からやってきた素粒子ニュートリノをキャッチし、2005年にノーベル賞を受賞したのを記念して建てられた講堂です。

2012年7月4日、ここで重要な記者会見が開かれました。会見のタイトルは「LHC実験の最新成果」。中身は、新しい素粒子の探索についてです。

LHCはスイスのジュネーブにある国際的な研究施設「CERN《セルン》」にある巨大な円形加速器です。2008年に稼働して以来、未発見の素粒子「ヒッグス粒子」の検出をめざして、大量のデータを積み重ねてきました。

記者会見でどんな結果が飛び出すのか、わくわくしながら出かけると、講堂の左前列に物理学者が10人以上も陣取っていました。普通の会見では考えられない大人数です。

記者会見に集まってきたのは、私たち科学記者が中心でしたが、テレビのワイドショーのレポーターも含まれていました（主婦にもわかる説明をと質問し、物理学者をうならせていました）。会場には、なんとも言えない緊張感が漂っていました。

実は、この日の会見は、日本だけで開かれたわけではありません。主催者は加速器を運用しているCERNでした。日本は、ジュネーブにあるCERNの予定にあわせて、記者会見を開いたのです。

ロンドンに住む友人の科学ジャーナリストも早朝から会見に備えてでかけたそうです。それというのも、CERNでは朝の9時からヒッグス粒子の最新データを発表するセミナーを予定し、その後、所長が記者会見を開くことになっていたからです。ほかの国では、その時間にあわせて会見を開いたり、深夜にライブ中継を見たりしたわけです。

この日に会見が開かれると知った世界中のメディアの間では、少し前からさまざまな憶測が飛び交っていました。

「どうやら今度こそ、ヒッグス粒子が見つかったらしい」「いや、まだ発見とまではいかないだろう」「でも、去年に続いて空振りということはないんじゃないだろうか」。空振り、という言葉が出てくるのは、半年前の11年の暮れにも、ヒッグス粒子の記者会見がCERNや東大で開かれたからです。この時も、「発見されたのではないか」という前評判だったのですが、「まだ発見とはいえない」という結論だったのです。

小柴ホールでは、ＣＥＲＮのセミナーが始まる1時間前の午後3時から記者向けの説明会が始まり、その後、セミナーのライブ中継が講堂のスクリーンに映し出されました。

ＣＥＲＮでヒッグス粒子探しをしているのは2つの国際チームで、検出器の名前を採って、「ＣＭＳ《シーエムエス》」チームと、「ＡＴＬＡＳ《アトラス》」チームと呼ばれています。ＣＭＳは欧米を中心とするチーム。ＡＴＬＡＳも国際チームで、こちらには日本の科学者が約１１０人参加しています。

2つのチームのうち、最初に発表したのはＣＭＳのまとめ役、ジョー・インカンデラさんです。講演の最後のスライドに、「4・9σ《シグマ》」という数値が示されると、ジュネーブの会場に大きな拍手が沸きました。後で説明しますが、「σ」は、「ねらっていた素粒子が発見された確からしさ」を表わす数値で、「5σ」なら、「発見」といっていいということになっています。

次にＡＴＬＡＳチームのまとめ役、イタリア人のファビオラ・ジアノッティさんが登場しました。彼女の赤いニットを見て、私は、「やっぱり今日こそ、『発見』なのかもしれない」

と感じました。赤い服は「勝負服」かも、という気がしたからです。

ファビオラさんが最後に示したスライドの数値も「5σ」。会場では拍手が鳴り止みません。みんな立ち上がっています。

この日の会場には英国からピーター・ヒッグス博士も招かれていました。50年近く前に、ヒッグス粒子の存在を「予言」したその人です。感想を求められた博士は、とても控えめに、次のように答えました。

「私が生きているうちに、こんな素晴らしい成果が得られるなんて」。涙ぐんでいるようにも見えました。


実は、この時の正式な発表内容は、「ヒッグス粒子と考えても矛盾のない新粒子を発見した」というものでした。なぜ、こんな持って回った言い方をするのか。それは、新しい素粒子の発見は間違いないけれど、それが「ヒッグス粒子」だと断定するには、まだデータが足りないからだというのです。

翌日の新聞各紙には、科学記者のとまどいと苦心が見て取れました。毎日新聞の見出しは「ヒッグス粒子　発見か」。朝日新聞は、「ヒッグス粒子か　発見」。でも、この発見が非常に重要だと受け止められたことは間違いありません。その証拠に、ほとんどの新聞が一面トップで扱ったからです。NHKの夜7時のニュースは、真面目そうなアナウンサーがヒッグス粒子をイメージした〝風船のお風呂〟に入って説明するという熱の入れようでした。ほかの国のメディアも一斉に取り上げました。

ただ、新聞を読んだりテレビを見たりした人の多くは、頭に大きなクエスチョンマークが浮かんだのではないでしょうか。どうやら重要な話らしいけど、ヒッグス粒子とは、つまりどういうものなのか。そもそも、素粒子とはなんなのか。ヒッグス粒子は他の素粒子とはどう違うのか。それが発見されると宇宙のどんな謎《なぞ》が解けるのか。

小柴ホールで開かれた記者会見では、ATLASチームの日本のまとめ役の一人である東大准教授の浅井祥仁《しょうじ》さんが私たちメディアに対してこんなふうに述べました。

「みなさんお得意なのは、『物質に質量を与えた素粒子』というのと、『標準理論で最後に残った未発見の素粒子』だと思いますけど、それだけっていうのはやめてくださいね」

この言葉に、思わず心の中で笑ってしまいました。たとえ、浅井さんがなんと言おうと、メディアは必ず、このふたつの表現を使うと思ったからです（実際、翌日の新聞各紙は、みんなこういう表現を使っていました）。

もちろん、これらの2つの言い方が、間違っているというわけではありません。ヒッグス粒子は、確かに「素粒子の標準理論を構成するジグソーパズルの最後のピース」です（「標準理論」というのは、物質を構成する素粒子と、素粒子の間に働く力を記述した理論のことで、詳しくはこれからお話しします）。

それに、「宇宙が誕生した直後に、万物に質量を与えた素粒子」でもあります（どうやって質量を与えたかも、もう少し後でお話しします）。

浅井さんが言いたかったのは、「今回の発見には、もっと大きな意味がある」ということでした。

その意味を一言でいえば、今回の新粒子の発見は、「標準理論」を超えて、私たちの知らない宇宙の真理に迫る鍵となる、ということだと思います。

普通に生活していると気づきませんが、1990年代の初めから今に至る20年ほどは、宇宙論や素粒子物理学が飛躍的に進んだ特別な時代です。長年の論争の果てに宇宙の膨張率が確定し、その結果として１３７億年という宇宙の年齢がわかりました。それだけでなく宇宙の膨張が加速しているという意外な事実もわかりました。質量がゼロだと考えられていたニュートリノに、とても小さい質量があることもわかりました。

そして、広大な宇宙を扱う宇宙論ととても小さなミクロの世界を扱う素粒子物理学の間にある密接な関係も、どんどんわかってきました。ヒッグス粒子の話は、素粒子の話ではありますが、実は宇宙が誕生したころにどんなことを起きていたかを説明する話でもあります。ですから、巨大加速器ＬＨＣは、誕生して間もない宇宙の様子を「再現する」装置だとも言われています。

宇宙論と素粒子物理学が手を携えて発展してきたこの20年ほどの間に浮かんできたのは、この宇宙で私たちが知っている「物質」はわずか４％に過ぎないという驚きの事実でした。残りの96％は、私たちがまだその正体を知らない、「暗黒物質」と「暗黒エネルギー」からできているというのです（最新の観測では、「物質」が5％とも言われます）。

ところが、ヒッグス粒子の発見で完成する「標準理論」が説明できるのは、宇宙のわずか４％の「物質」の成り立ちと振る舞いだけです。残りの96％は説明がつきません。

そうだとすると、ヒッグス粒子の発見は、宇宙論や素粒子理論のデッドエンド（行き止まり）なんでしょうか？

もしそうだとしたら、ヒッグス粒子の発見は「おめでたい話」であると同時に、「なんだかがっかりな結果」ということにもなりかねません。

でも、ご安心を。実は、今回発見されたヒッグス粒子は、「標準理論」が予言してきたヒッグス粒子に、寸分たがわずぴったり、というわけではないのです。ざっくり言うと、「ちょっと軽い」のです。これを突き詰めていくと、暗黒物質や暗黒エネルギーの謎の解明につながるかもしれません。

それだけではありません。ヒッグス粒子の発見に成功したＣＥＲＮの巨大加速器が、もうひとつ別の新しい素粒子を発見するのではないかという期待もかけられています。その素粒子が、見えない暗黒物質の謎を解いてくれるかもしれません。

さらに、ヒッグス粒子には、「真空とは何か」という疑問に答える手がかりも隠されています。これを探っていくと、暗黒エネルギーの謎解きにもつながりそうです。

浅井さんが「ヒッグス粒子は、探す時代から理解する時代に」と記者会見で述べたのも、もっともな話です。

でも、なんだか話を急ぎ過ぎたようです。21世紀の物理学が目指すものを理解し、この宇宙の成り立ちを楽しむためには、宇宙論や天文学、素粒子物理学の歴史的な発展をおさらいする必要があります。

本書では、まず第1章で「ヒッグス粒子って何？　どうやって発見したの？」を紹介します。第2章で「宇宙はどのように始まったのか」をおさらいし、第3章で「見えない暗黒物質」、第4章で「宇宙の運命と暗黒エネルギー」、第5章で「宇宙の謎は解けるか」を紹介します。

その中には科学者もたくさん登場します。天才も、変人も、女性も、男性も、報われた人も、報われなかった人もいます。彼らの情熱があってこそ、宇宙の謎解きが一歩ずつ前進してきたということも、ぜひお忘れなく。彼らの物語とあわせて宇宙の謎を楽しんでいただければと思います。

目次 * Contents

イラスト　斉藤弥世
人物画他　藤本良平

第1章　ヒッグス粒子って何？　どうやって発見したの？

★映画にも登場するCERN

ベストセラー作家のダン・ブラウンが書いた「天使と悪魔」という小説を知っていますか？　映画にもなった、ハラハラ、ドキドキのエンターテイメント小説です。

ハーバード大学の教授がローマを舞台に殺人事件の解決に挑むのですが、この物語の中でジュネーブ郊外にある研究所CERNが重要な役割を果たしています。殺された科学者がCERNで「反物質」作りに成功し、これを犯人が盗み出したというストーリーだからです。

もちろん、これはフィクションですが、ダン・ブラウンは物語の中に「事実」もたくさん織り交ぜています。プロローグで紹介したようにCERNはヒッグス粒子を見つけた実在の研究所ですし、ここで「反物質」作りの研究が行われているのも本当です。反物質というのは、宇宙が誕生したころにはたくさん存在したと思われているのに、今の宇宙には見当たらない不思議な物質です。

ただし、反物質を作っている装置と、ヒッグス粒子を検出した装置は、別モノです。CE

RNの実験装置は大小さまざまな加速器の組み合わせでできていて、ヒッグス粒子を発見したのはLHCと呼ばれる巨大加速器。反物質を作っているのはもっと小型の装置です。

加速器といわれても、どんなものか想像がつかないかもしれません。加速器の種類もいろいろですが、LHCはスイスとフランスの国境をまたぐ巨大な円形の地下トンネルです。1周が27キロメートル。ということは、ちょうど東京の都心を走る山手線と同じくらい。ただし、地下トンネルですから、地上から見ることはできません。この装置を使って世界中の科学者が日夜、実験に取り組んできました。


ヒッグス粒子を探す実験では、LHCのトンネルの中で陽子をほとんど光速に近づくまで右まわりと左まわりに加速し、正面衝突させます。陽子は原子核を構成している粒子で、昔は、もうこれ以上細かく分けることのできない素粒子だと考えられていました。今では、もっと小さい素粒子が集まってできていることがわかっています。

LHCの中で正面衝突した陽子が壊れると、そこからさまざまな粒子が飛び出してきます。といっても、陽子を構成している素粒子そのものが飛び出してくるわけではありません。加速器実験の不思議なところは、ぶつける前には存在しなかった素粒子が手品のように飛び出してくることです。

そして、もしヒッグス粒子があるとすれば、非常に高いエネルギーで陽子同士を衝突させた時に飛び出してくるはず。これが、現代物理学の「予言」だったのです。

この予言は、見事に当たったわけですが、いったい、どこからそんな予言が出てきたのか。まずは、素粒子物理学の歴史をおさらいしておくことにします。

★物質をどんどん分けていくと？

目の前にある机やパソコンは何でできているのか。私やあなたの体は何でできているのか。そう問われた時、まっさきに思いつくのはなんでしょうか。

机だと「木で」、パソコンだと「金属で」、身体だと「細胞で」できている、と答えるような気がします。

これが平安時代だったら答えは違ったでしょう。だいたい、パソコンなんてありませんし、身体が細胞でできているとわかったのは19世紀のことです。

でも、きっと、平安時代でも、江戸時代でも、「木をどんどん細かく分解していくとなんでできているのか」「身体はどうか」と考えた人がいたはずです。

古代ギリシアにも、そう考えた人たちがいました。哲学者タレスの答えは「万物は水でできている」というものでした。哲学者アリストテレスの答えは「万物は土と水と空気と火の組み合わせでできている」でした。今にしてみると、「残念、ハズレ」ということになるわけですが、よく考えてみると、「すべての物質は細かく分けていくと、同じモノの組み合わせでできている」という点では、当たっています。

タレスやアリストテレスのような昔の哲学者は、現代でいえば科学者でもありました。こんな大昔から科学者が「万物に共通する、とてもシンプルなもので、この世を説明したい」という欲求を持っていたことは驚きです。

実際、同じ古代ギリシアの哲学者デモクリトスは、「大当たり」とまでは行かないものの、「もうちょっとで正解」という考えを提案していました。「万物を分解していくと1種類の粒子でできている」と考え、その粒子を「アトム」と呼んだのです。

ちなみに、アトムを日本語にすると「原子」。でも、デモクリトスは現代で言うところの原子をイメージしていたわけではありません。むしろ、「これ以上分けられない最小の単位」を意味する言葉として、「アトム」を提案したのです。

現代の「原子（アトム）」は、もっと小さい粒子に分割できることがわかっています。でも、物質をどんどん細かくしていくとそれ以上分けられない最小の粒子がある、という点では、デモクリトスは「正解」だったわけです。

現代では、物質を構成する最小の粒子を「素粒子」と呼びます。ですから、素粒子物理学はデモクリトスに始まったといってもいいでしょう。

ただし、その正体が明らかになるまでには、長い年月がかかりました。

★陽子と中性子の発見

現代的な素粒子物理学の始まりが、いつだったかをはっきり決めることはできませんが、物質が水素や酸素といった元素でできていることを発見したのは、18世紀のフランスの化学者、ラボアジェです。ラボアジェは裕福な商人の息子で、さまざまな実験を基に33種類の元素を提案したり、化学反応の前と後で質量が変わらないことを示したりと、現代化学に通じるさまざまな発見をしました（それなのに、フランス革命が起きた時に断頭台で処刑されてしまったといいますから、残念な話です）。

元素が原子でできていることは、英国の科学者ジョン・ドルトンが17世紀の初めに提案しました。当時は、原子はもうこれ以上分けられない最小単位だと考えられていました。さらに研究が進み、人類が初めて本物の素粒子を発見したのは１８９７年です。発見者は英国の物理学者ジョセフ・トムソン、発見したのはマイナスの電荷を持つ「電子」でした。

原子は、電気的にはプラスでもマイナスでもありません。中性です。ですから、次に考えられたのは、原子の中にマイナスの電荷を持つ電子があるとすれば、それを打ち消して中性にするようなプラスの電荷を持った粒子もあるはず、ということでした。

１９１１年の実験でこの考えを確かめたのが、英国の物理学者ラザフォードです。薄い金《きん》箔《ぱく》を用意し、ここにプラスの電荷を持つ粒子（アルファ粒子）をぶつける実験を行いました。すると、たまに跳ね返ってくるアルファ粒子が観察されました。ただし、多くのアルファ粒子はそのまますり抜けてしまいました。

この結果が意味することはなんでしょうか。金箔は金の原子が連なってできています。多くのアルファ粒子がすり抜けるということから想像できるのは、原子の中はスカスカということでしょう。でも、たまに跳ね返るのですから、ところどころにプラスの電荷を持った塊があって、アルファ粒子をはじき飛ばしていると解釈できます。

アルファ粒子のはじかれ方を詳しく調べた結果、見えてきたのが原子の「惑星型」モデル。原子の中心にプラスの電荷を持つ原子核があり、その周りを電子が飛び回っているという構造が提案されたのです。

実は、ラザフォードより前の1903年には、日本の長岡半太郎が「土星型」の原子モデルを提案しています。土星の輪のように、プラスの電荷を持つ球の周りを電子が回っているというイメージです。ラザフォードが明らかにしたのは、実際には中心にある原子核がとても小さいということでした。

そうなると、次に、「原子核は、もうそれ以上小さく分けられないのか」という問いが浮上します。原子核の構造を見つけたラザフォードは、次にこの謎《なぞ》に挑み、1919年に陽子の存在を発見します（この陽子こそ、CERNの加速器LHCの中をぐるぐる回っている粒子です）。翌年の1920年、ラザフォードが今度は陽子や電子と違って電荷を持たない中性子の存在を予言します。これを1932年に実際に発見したのは、ラザフォードの弟子のチャドウィックでした。

これで、原子核はプラスの電荷を持つ「陽子」と、電荷のない「中性子」でできていて、その周りを「電子」がまわっているという原子の構造がわかりました。水素原子や酸素原子といった原子の種類の違いは、原子核の中に陽子と中性子がいくつずつ入っているかという組み合わせの違いであることがわかったのです。

考えてみれば、これは、「陽子と中性子という、たった2種類の要素の組み合わせで、この世にあるさまざまな原子の原子核ができている」という、とてもシンプルなこの世の真理にたどりついたことを意味します。当時の物理学者は「やったー」と思ったことでしょう。

しかし、そうは問屋がおろさない、というのが自然のしたたかなところです。その後の観測や実験で、陽子や中性子は、さらに小さな粒子に分けられることがわかっていったのです。

そのきっかけとなったのは、宇宙線の観測と、加速器の実験でした。

★宇宙から降ってくる小さな粒子

宇宙線と言われても、なかなかぴんとこないかもしれません。一言でいえば、宇宙から降り注いでくる目にみえない様々な粒子です。1912年に最初に宇宙線の存在を発見したのはオーストリアの物理学者、ヘスです。その正体は、はるかかなたから飛んでくる高速の陽子でした。宇宙線には陽子以外に、電子やヘリウムの原子核（陽子と中性子でできています）なども含まれています。これらを言いかえると「放射線」ということになります。

陽子が地球の大気とぶつかると、さまざまな粒子が発生します。これらを区別するために、宇宙からやってくる放射線を「一次宇宙線」、大気とぶつかってできるさまざまな粒子を

「二次宇宙線」と呼びます。

そういえば、3・11の原発事故が起きた後に、放射能汚染の影響を自然界の宇宙線と比較した説明を何度も聞きました。同じ放射線という観点で、比べてみたわけです。「飛行機でアメリカと往復すると宇宙線によって、これぐらい被ばくする」とか「宇宙飛行士は地上に比べると高い放射線にさらされている」という話も出ました。比較して低ければ安心ということではありませんが、航空機の乗務員や宇宙飛行士が放射線を普通の人よりたくさん浴びているのは確かでしょう。

特に宇宙飛行士の場合は、地球の大気の外に出るわけですから、宇宙線の影響は重大です。宇宙航空開発研究機構（JAXA）によると、国際宇宙ステーションに滞在している宇宙飛行士は、地上で普通に生活していて半年間に受ける放射線量を1日で被ばくしてしまいます。宇宙飛行士は、普通の職業と違って、若いうちに引退しますが、ひとつの理由はこの宇宙線かもしれません。宇宙飛行士が一生の間に浴びてもいい宇宙線の量は上限が決まっていて、その上限に達したら、引退しなくてはならないのです。

話が脇道にそれましたが、物理学者は二次宇宙線を観測することによって、それまでにわかった陽子や中性子、電子とは異なるさまざまな新しい粒子を次々と発見していきました。さらに技術が進んだ加速器実験でも新しい粒子が次々発見されていきます。

1937年には「ミュー粒子」、1947年に「パイ中間子」や「K中間子」、1952年には「シグマ粒子」や「ラムダ粒子」、1956年には「ニュートリノ」。ほとんど、新粒子の「発見ラッシュ」といった状況です。

いったい、これらの粒子はどういうものなのか。すべて素粒子ということはないだろう。では、素粒子は別にあるのか。

これをじっくり考えた物理学者、マレイ・ゲルマン博士と、ジョージ・ツヴァイク博士の2人が、1964年にそれぞれ別々に同じ説をとなえました。陽子や中性子、宇宙線の中に発見されたさまざまな粒子は、さらに小さい素粒子が組み合わさってできている、という考えです。

★クォーク、クォーク、クォーク

ゲルマンさんは、この素粒子に「クォーク」と名づけました。なぜ、こんな名前をつけた

[宇宙論と素粒子物理学の歴史]

正体は素粒子物理学、斜体は宇宙論に関係のある出来事

１８９７　電子の発見
１９０５　アインシュタインが光電効果の法則発見
１９０９　原子核の発見
１９２９　ハッブルが宇宙膨張を発見
１９３０　パウリがニュートリノを予言
１９３２　中性子の発見
１９３７　ミュー粒子の発見
１９４８　ガモフがビッグバン理論提唱
１９５０年ごろ～　粒子発見ラッシュ
１９６４　ゲルマンがクォークを予言
１９６４　ヒッグスがヒッグス粒子を予言
１９６４　マイクロ波背景放射発見
１９６７　電弱統一理論を発表
１９７３　小林・益川がクォークは６種類と予言
１９７４　チャームクォーク発見（11月革命）
１９７５　タウ粒子発見
１９７９　グルーオン発見
１９８０　インフレーション理論提案
１９８３　ウィークボソン発見
１９８９　ＣＯＢＥ打ち上げ
１９９０　ハッブル宇宙望遠鏡打ち上げ
１９９２　ＣＯＢＥが背景放射の揺らぎを発見
１９９５　トップクォーク発見
１９９８　タウニュートリノ発見（ヒッグス粒子以外、全部発見）
１９９８　ニュートリノに質量があることを発見
１９９８　「宇宙膨張は加速」と判明
２００１　ＷＭＡＰ打ち上げ
２００３　ＷＭＡＰの成果
２０１２　ヒッグス粒子発見（？）

文化人ゲルマンとクォーク

クォーク理論のゲルマンさんに初めて会ったのは、1992年の秋、米国ニューメキシコ州のサンタフェ研究所というところでした。

アインシュタインのポスターが貼ってある受付に行くと、ちょうどそこにいた紳士が振り返りました。その人がゲルマンさんで、私が名乗ると、いきなり「ブルー・フィールド」という反応が返ってきました。

「青野」は「青い野原」ですから、ご明察。ゲルマンさんは語学に造詣が深く、日本語も得意。取材中に、いきなり、私の知らない小林一茶の俳句が飛び出したので、どぎまぎしてしまったのを覚えています。

そういえば、素粒子物理学が専門の東大国際高等研究所「カブリ数物連携宇宙研究機構（IPMU）」機構長の村山斉さんも、ゲルマンさんに会ったときに「ヴィレッジ・マウンテン」と言われた、と著書「宇宙は何でできているのか」に書いていました。

言語だけではありません。歴史にも、文学にも、考古学にも、当然のことながらさまざまな科学の分野にも通じている天才肌の人物です。つまり、物理学会の巨人であるだけでなく、文化人なのです。

ジェイムズ・ジョイスも、非常に難解な文章で有名な人ですから、そこに出てくる鳥の鳴き声から素粒子に名前をつけたというのは、いかにもゲルマンさんらしい話なのです。

ゲルマンさんは、多くのことに興味があって、とてもひとつの分野ではものたりない、ということで、サンタフェ研究所で「複雑系」という新しい科学の分野の研究も続けています。

のかといえば、アイルランドの小説家、ジェイムズ・ジョイスの難解な小説「フィネガンズ・ウェイク」の中に、鳥が「クォーク、クォーク、クォーク」と3回鳴く、という場面があるからです。当時、ゲルマンさんは、この素粒子には3つの種類があると予言していたのです（「アップ」「ダウン」「ストレンジ」の3種類です）。

「はあ？」と思うかもしれませんが、その筋では有名な話です。この話に「なるほど」と納得してもらうためには、ゲルマンさんがどんな人かを知ってもらう必要があるかもしれません。私は何回かお目にかかったことがありますが、一言で言えば、天才肌の文化人で、文学にも詳しいのです（コラム・文化人ゲルマンとクォーク）。

もう1人の理論の提唱者であるツヴァイクも別の名前をつけたようです。でも、クォークという名前が今に生き残ったところを見ると、ゲルマンさんには名付け親としてのセンスもあったのでしょう。

ただし、ゲルマンさんが名づけたころ、クォークが本当に実態として存在するかどうかは、わかりませんでした。さすがのゲルマンさんも、ちょっとは不安だったに違いありません。

でも、心配は無用でした。1968年、米国の加速器がクォークが存在する証拠を初めて検出、ゲルマンさんの予言が正しかったことが証明されたのです。

ほっとひといきですが、話はそこでは終わりませんでした。73年に、益川敏英さんと小林誠さんが「クォークは全部で6種類」と予言したのです。鳥は3回鳴くだけでは足りない、というわけです。

なぜ、そう予言したかは、「この世に反物質が見当たらないのはなぜか」という話とつながっています。

図1　マレー・ゲルマン（1929－ ）

反物質と言えば、そう、あのダン・ブラウンのサスペンス「天使と悪魔」に出てきた不思議な物質です。ＣＥＲＮでも実際に作っていますが、直接見ることはできません。反物質は反粒子でできている物質でその存在は１９２８年に英国のポール・ディラックが予言しました。反粒子は普通の物質を作っている粒子と電荷だけが反対で、あとの性質は同じ、という粒子です。

宇宙が誕生した時には、物質と反物質（言い換えると粒子と反粒子）が同じ数だけあったと考えられています。粒子と反粒子は互いに出会うと消滅します（これを対消滅と呼びます）。もともと同じ数だけあったのなら、残っている粒子と反粒子も同じ数のはずです。ところが今は粒子でできた物質しか見当たりません。

これは、「CP対称性の破れ」と呼ばれる現象が起きたためと考えられています。おおざっぱにいえば、この対称性の破れによって粒子と反粒子の数に偏りが生じ、粒子の方が多く残ったと考えるのです。

そして、この破れを考えると「クォークは6種類なければならない」というのが益川さんと小林さんの73年の理論だったのです。

その翌年の74年11月には、加速器実験によって「チャームクォーク」が発見されました。4番目のクォークです。単に待ち望まれていた発見だっただけでなく、とてもインパクトのある発見で、この分野では「11月革命」と呼ばれています。

それまで、クォークの仲間は3種類（アップ、ダウン、ストレンジ）が発見されている一方、電子の仲間は4種類（電子、電子ニュートリノ、ミュー粒子、ミューニュートリノ）が発見されていました。クォークと電子の仲間の関係を考えると、クォークがもう一種類ないと両者の関係をうまく整理できませんでした。それが実際に見つかり、素粒子の標準理論が大きく発展するきっかけになったので革命と呼ばれているのです。

東大の素粒子物理学の教授、駒宮幸男さんは、ヒッグス粒子が発見された時に、「38年前の11月革命にだまされてこの分野に進んだのに、そのあと、ちっとも革命が起きなくて」、と冗談を言っていました。でも、ヒッグス粒子が発見されたので、ようやく、次の革命が起きたと嬉《うれ》しそうでした。

さらに、77年には「ボトムクォーク」が発見されました。95年には、6番目の「トップクォーク」が米国のフェルミ研究所の加速器で発見されました。これで、小林・益川の予言通り、クォークが6種類あることが実証されたわけです。

こうしてみると、加速器が素粒子物理学の「実証」にとって、いかに大事かがよくわかります。

ゲルマンさんは、クォークの「予言」によって、1969年にノーベル賞を受賞しています。益川さんと小林さんも、2008年に南部陽一郎さんとともにノーベル賞を受賞しました。そして、このクォークは、素粒子でこの世界を記述する「標準理論」の重要な構成要素となっていきます。

★クォークと電子とニュートリノ

クォークの存在によってわかったように、宇宙線の中には素粒子が組み合わさった粒子がいろいろ入っていたわけですが、正真正銘の素粒子も含まれていました。電子に似た「ミュー粒子」と呼ばれる粒子がそうです。加速器実験では、やはり電子に似た「タウ粒子」が1975年に発見されました。これらは、電子と同様、もうこれ以上は分けられません。

電子とミュー粒子とタウ粒子は、性質がほとんど同じで、違うのは質量（重さ）だけです。ミュー粒子は電子の200倍、タウ粒子は電子の3500倍の重さがあります。つまり、ミュー粒子やタウ粒子は、「重い電子」のようなものです。

これとは別に、ニュートリノの存在が明らかになります。あの、小柴さんがキャッチした素粒子です。その存在を1930年に「予言」したのは、スイスの物理学者、ウォルフガング・パウリでした。

パウリが注目したのは、放射性物質の「ベータ崩壊」です。原子核の中にある中性子が陽子に変化すると同時に電子を放出する現象です。ところが、崩壊前と崩壊後を比べると、もとの中性子が持つエネルギーに比べ、陽子と電子をたしあわせたエネルギーの方が小さかったのです。反応の前と後でエネルギーは同じでなくてはならないので、これでは計算があいません。そこでパウリは、未知の粒子「ニュートリノ」が電子とともに放出され、エネルギーを持ち逃げしていると考えたのです。

素粒子の「世代」

標準理論では、物質を構成するクォークとレプトンを、性質や重さに応じて、「世代」という言葉で整理しています。そう考えると、この世界が説明しやすいからです。

世代	クォーク		レプトン	
第１世代	アップ	ダウン	電子	電子ニュートリノ
第２世代	チャーム	ストレンジ	ミュー粒子	ミューニュートリノ
第３世代	トップ	ボトム	タウ粒子	タウニュートリノ

世代って何のことでしょうか？　別に年齢の違いではありません。世代が違っても、性質はほとんど変わりません。違うのは質量だけです。

第1世代より第2世代、第2世代より第3世代が重いのです。でも、なぜなのかはよくわかっていません。

現実の宇宙は、ほとんど第1世代の素粒子だけで構成されていて、第2世代、第3世代にお目にかかることはありません。第2世代、第3世代の重い粒子は、加速器の中などで作られても、すぐに下の世代の粒子に崩壊してしまいます。

なんだか、不思議な話ですが、この謎を解くことも、素粒子物理学のひとつの課題なのです。

この予言は、１９５３年に見事に実証されました。米国の物理学者ライナスが、原子炉の中で生じるニュートリノを見つけたのです。

のちに、ニュートリノには、「電子ニュートリノ」「ミューニュートリノ」「タウニュートリノ」の３種類があることがわかりました。それぞれ電子とミュー粒子とタウ粒子に対応しています。電子の仲間はマイナスの電荷を持っているのに対し、ニュートリノの仲間は電気的に中性です。

電子も軽い粒子ですが、ニュートリノはさらに軽い粒子です。そこで、物理学者は、電子の仲間とニュートリノの仲間を合わせて「レプトン〈軽い粒子〉」と呼びます。

これで、物質を構成しているクォークの仲間と電子の仲間が出そろいました。言い換えると、素粒子の標準理論を構成する「役者」のうち、「物質を構成する素粒子」が出そろったわけです。６種類のクォークと、６種類のレプトンをあわせて、〈物質構成粒子〉と呼んでもいいでしょう。

でも、実は、これだけでは十分ではありません。この後、もうひとつ別の素粒子の話に入ろうと思いますが、その前に、物理学の「予言」について、紹介しておくことにします。

★理論屋さんと実験屋さん

ここまで、物理を専門とする人たちを物理学者とひとくくりにしてきましたが、彼らを大きくわけると、「理論屋さん」と「実験屋さん」「観測屋さん」に分類できます。

ＣＥＲＮでヒッグス粒子を見つけた人たちは、「実験屋」さんです。一方、ヒッグス粒子の存在を予言したヒッグス博士や、クォークの存在を予言したゲルマンさんたちは「理論屋」さんです。望遠鏡や人工衛星を使って宇宙を観測している人たちは「観測屋」さんで、実験屋さんの仲間です。

ここ20年ほどの宇宙論と素粒子物理学の飛躍的な発展は、観測装置の性能アップと、実験装置の性能アップに支えられてきました。ヒッグス粒子が発見できたのは、ＬＨＣという非常に高いエネルギー状態を作り出すことのできる実験装置ができたからですし、謎の暗黒物質や暗黒エネルギーが発見されたのは、非常に遠い宇宙を精度よく観測する技術が登場したからです。

こうした観測や実験には、日本の科学者や日本の観測装置が非常に大きな貢献をしています。ハワイにある「すばる望遠鏡」や、岐阜県《ぎふけん》にある「スーパーカミオカンデ」などが良い例です。

もちろん、理論屋さんたちも負けていません。そもそも、素粒子の標準理論を発展させてきたのは理論屋さんです。その歴史の中では、湯川秀樹博士、南部陽一郎博士、小林・益川両博士らが大活躍してきました。

そして、今も、理論屋さんたちが、次々と新しい理論を提案しています。「宇宙の時間と空間は10次元ある」とか、「宇宙はひもでできている」とか、「宇宙は膜でできている」とか、とても普通の頭では理解できないようなアイデアばかりですが、あと何十年かすると（何百年かもしれませんが）、その考えが正しかったことを、実験屋さんや観測屋さんが証明してくれるかもしれません。

理論屋さんの理論を証明するために実験や観測が発展し、実験や観測でわかったことを元に、さらに新しい理論が登場する。物理学はそうやって発展してきました。

では、その最終目標は何なのか。物理学者に聞くとこう答えるはずです。「あらゆるものを統一すること」だと。別の言い方をすると、この宇宙のあらゆることを、たった一つの理論で説明することです。標準理論を超える「統一理論」を完成させること、と言ってもいいかもしれません。物理学者にとっては、シンプルであるほど、美しいのです。

この「統一」の話は、後ですることにして、話を素粒子の予言と発見に戻しましょう。

★物質はクォーク2種類と電子で

「物質をどんどん細かく分けていくと、何でできているのか」という疑問を突き詰めた結果、わかったのは、物質を構成しているのは12種類の素粒子〈物質構成粒子〉ということでした。

少し前にお話ししたように、私たちに馴染みのある原子を構成しているのは、2種類のクォークと電子です。なぜなら、原子は陽子と中性子と電子でできていて、陽子と中性子はアップクォークとダウンクォークでできているからです。

言い換えると、身の周りにある物質は「アップクォーク、ダウンクォーク、電子」の3種類の素粒子の組み合わせでできていることになります。

アップとダウン以外の4種類のクォークは、宇宙線の中に存在していたり、加速器の中で作り出すことができますが、身の回りの物質の中には存在しません。

ミュー粒子は、原子を作っているわけではありませんが、地球に降り注ぐ宇宙線（二次宇宙線）の中にたくさん含まれています。電荷を持っているので、それを利用して「目で見る」こともできます。科学博物館などでみかける、「スパークチェンバー」という装置や、

「霧箱」という装置がそうです。どちらも、宇宙線が通った後を「見える化」してみせてくれます。ミュー粒子は、火山の観測にも一役買っています。まるでエックス線で体の中を見るように、火山の地下を透視してマグマの様子などを探るのです。

宇宙線に含まれているのに、スパークチェンバーや霧箱では可視化できないのが、ニュートリノです。宇宙のいたるところを飛び回っている素粒子で、こうしている間にも私たちの体を、1秒間に何十兆個ものニュートリノが通過しています。それどころか、地球もすり抜けています。そういうふうに言うと、小柴さんが超新星からやってきたニュートリノをキャッチしたという話が、なんだか不思議に思えるかもしれません。

地球もすり抜けてしまうようなものなら、どうしてキャッチできたのでしょうか。その秘密が「カミオカンデ」です。鉱山の地下1キロメートルのところにすえつけた巨大な水のタンクと、タンクの内側に敷き詰めた感度の高い検出器でできています。

ニュートリノがどんなものもすり抜けてしまうといっても、ほんのたまに、水を構成している原子や電子と反応します。16万光年の彼方で起きた超新星爆発によって飛び出したニュートリノがカミオカンデのタンクに飛び込んで水と反応したところを、高感度の検出器で11個だけ捕えたのです。たった11個と思うかもしれませんが、超新星爆発によるニュートリノを確かめたという点では、これで十分でした。

少し話が横道にそれましたが、いずれにしても、物質を作っているのは、クォークと、電子の仲間、ということになります。

でも、これだけでは、何か物足りないと思いませんか？　物質を構成する要素はわかったものの、物質の「振る舞い」の説明がつかないからです。この宇宙には物質が存在するだけでなく、物質同士に働く力があり、常に変化しています。

そこで、それを説明するために、理論屋さんが持ち出したのが「力を伝達する素粒子」と呼ばれるものです。

★4つの力

この宇宙に働いている力には、どんなものがあるのでしょうか。その答えを聞くと、ちょっと不思議な気がすると思います。なぜなら、「自然界に働く力は全部で4つだけ」、しかも「その4つの力は元をただせば1つの力だった」というのですから。

そんなはずはない、と思う人もいるでしょう。この世界には、摩擦力や遠心力、浮力など、もっとたくさんの種類の力があるように思えます。

でも、物理学者は、「いずれも、4つの力で説明できる」というのです。いったい、どういうことなのでしょうか。

物理学者によれば、宇宙を支配している4つの力は、「重力」「電磁気力」「強い力」「弱い力」の4つです。

◆重力　この中で、私たちに一番身近な力は、重力かもしれません。ニュートンのリンゴが落ちるのは地球とリンゴの間に働く重力のためだという話は、ご存じのとおりです。重力は太陽と地球の間にも働いていますし、あなたと私の間にも働いています。
重力の特徴は、近くにあるもの同士の間だけでなく、とても遠くにあるもの同士の間にも働くことです。もうひとつの特徴は、とても弱いということです。

◆電磁気力　電磁気力も馴染みのある力です。電磁気といわれると、わかりにくいかもしれませんが、電気と磁気といえばわかるのではないでしょうか。静電気が起きてモノとモノがくっついたり、反発しあったりするのは、電気の力です。プラスとマイナスの電荷が引きあったり、プラスとプラス、マイナスとマイナスの電荷が反発しあうのです。一方、磁石のS極とN極が引きあったり、S極とS極が反発しあったりするのは、磁気の力（磁力）によるものです。

電気力と磁力は、あたかも別々の力のように思えますが、元をただすと同じ力です。これを見破ったのは、19世紀の物理学者、ジェームズ・マクスウェルでした。電荷を持ったものが動くと、その周りに磁気が生じます。磁気を持った磁石を動かすと、その周りに電気の流れ（電流）が生じます。

電気と磁気に関係があることは、けっこう昔からわかっていました。私たちはよく、「電波」という言い方をしますが、正確にいうと「電磁波」です。電気と磁気がお互いに作用しあって、空中を伝わっていきます。

ここまではいいとして、「強い力」と「弱い力」とは、なんなのでしょう。とても大雑把な名前ですが、素粒子物理の世界では、原子核や素粒子のようなミクロの世界で働いている力を指しています。

◆**強い力**　「強い力」は、原子核の中で陽子や中性子を結び付けている力です。どうして、そんな力が考え出されたのかといえば、原子核のようなミクロの世界では、電磁気力や重力では説明のつかない力が働いていると考えられたからです。

ミクロな世界でも、もちろん電磁気力は働いています。プラスに帯電している原子核（プラスの電荷を持つ陽子と、電荷を持たない中性子でできています）と、そのまわりの電子を結び付けている力は電磁気力です。原子同士を結び付けて分子を作っているのも電磁気力です。

一方、原子核の中にある陽子について考えると、なぜ、原子核の中におさまっているのか、電磁気力では説明がつきません。なぜなら、水素より重い原子はみな、原子核の中に電荷がプラスの陽子を二つ以上持っているからです。電磁気力しか働いていないとすると、陽子同士が反発しあって、ばらばらになってしまうはずです。

それなら、重力が陽子同士を結び付けているのではないかと考える人もいるかもしれません。でも、重力は、電磁気力に比べると、桁《けた》違いに小さい力です。どれぐらい小さいかというと、重力の1万倍×1万倍×1万倍……と10回1万倍して、それをさらに100倍すると電磁気力に追いつくくらいです。これでは、お話になりませんから、陽子同士を結び付ける力が別にあるはずです。

それが「強い力」だと物理学者は言うのです。強い力は電磁気力に比べると100倍くらいの強さがあるので、陽子同士が電磁気力で反発しあう力をしのいで、陽子同士をくっつけておくことができます。陽子同士をくっつけている「強い力」は、もっと細かく見るとクォーク同士をくっつけている力だということもわかりました。

クォークに働く「強い力」の話をするとき、物理学者は、「色《いろ》」という言葉を使います。強い力を扱う力学を「量子色力学」と呼ぶこともあります。

もちろん、クォークに実際に色がついているわけではありません。クォークの性質を考えるときに、光の三原色にならって、赤、青、緑の色がついていると考えるとうまくいくので、便宜的に使っているのです。

◆弱い力　では、「弱い力」とはなんでしょうか。物理学者はよく、「放射性物質がベータ崩壊する時に働いている力」という説明をします。

ベータ崩壊というのは、ニュートリノの「エネルギー持ち逃げ」で紹介したように、中性子がニュートリノと電子を放出して陽子に変化する現象です。この時に働くのが弱い力です。「強い力」に比べると、10万分の1くらいの強さしかありません。

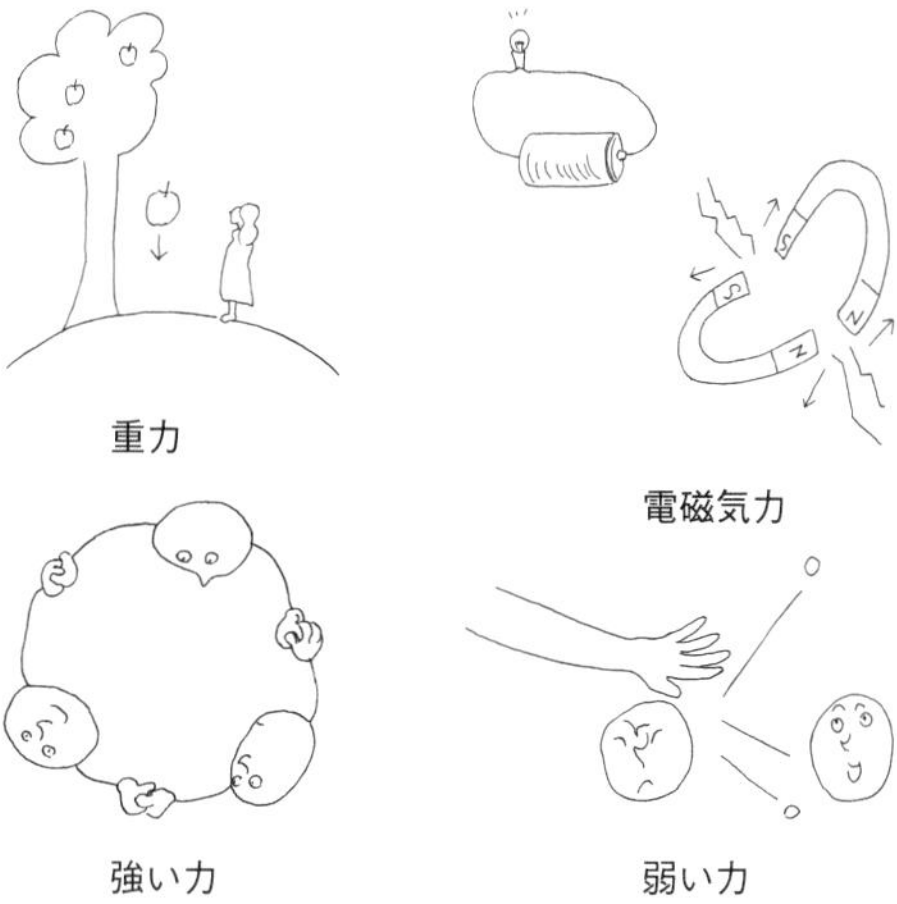

図2　4つの力

「弱い力」は、他の力に比べるとイメージするのが難しい力です。なぜなのか、素粒子物理学者の大栗博司さんに聞いてみると、「力という概念が、素粒子物理学の世界に入って広がったためだろう」とのこと。私たちが考える「力」は、運動を変えたり進路を変えたりするものというイメージがありますが、「粒子の性質を変えるのも力の性質」と考えてみて下さい。そうすると、少し納得しやすくなるかもしれません。

つまり、ベータ崩壊が起きる時には、弱い力は「中性子という状態を、陽子に変える力として働いている」ということになります。

ここで、ミクロな世界で働く「強い力」と「弱い力」について、まとめておくことにします。

「強い力」はクォークだけに働きますが、「弱い力」は、6種類のクォークと、6種類のレプトン（電子の仲間）のすべての素粒子に働きます。「強い力」が働く範囲は、原子核の直径程度。「弱い力」が働く範囲は、さらにその1000分の1ぐらいだそうです。

力の強い順に並べると、強い力＞電磁気力＞弱い力＞重力、となります（ただし、距離がとても近いと、弱い力の方が電磁気力より強くなります）。

★力を伝達する粒子

「4つの力」の概略はわかったことにして、〈力を伝達する素粒子〉に話を進めましょう。

ミクロな世界を専門とする素粒子物理学者によると、これらの4つの力はどれも、〈力を伝達する素粒子〉をやり取りすることによって生じると考えられています。

「素粒子のキャッチボール」という言い方をする人もいます。やり取りされる素粒子は、力の種類によって異なります。

まず、電磁気力を伝える素粒子が何かといえば、〈光子〉です。光子って光？　そうです。「でも光って、粒子じゃなくて、波なんじゃないの」と思った人は、正解でもあり、ハズレでもあります。光の波長という言葉があるように、光が波であることは確かです。光の波長の違いを、私たちは色の違いとして感じています。

でも、それだけではありません。光には粒子としての性質もあります。そういうことがわかってきたのは、「量子力学」という物理学の分野が発展したためです。量子力学は、粒子だと思っていた電子が波の性質を持っている、ということも発見しました。でも、ここでは量子力学の話には深入りせずに話を進めます（コラム・「量子力学」と「一般相対性理論」）。

電磁気力が働くときには、電子同士の間で〈光子〉がやりとりされています。重力が働くときは〈重力子〉がやり取りされます。「強い力」は〈グルーオン〉という素粒子によって、「弱い力」は〈ウィークボソン〉と呼ばれる素粒子によってやり取りされます。

★グルーオンは「糊《のり》粒子」

光子と重力子はまだしも、グルーオンだのウィークボソンだのと言われると、ますます話が見えなくなりますよね。そもそも、光子は英語の〈フォトン〉、重力子は〈グラビトン〉に対応する日本語です。グルーオンやウィークボソンには、対応する日本語がないので、いっそう馴染みが薄くなるのだろうと思います。

だいたい、グルーオンにしても、ウィークボソンにしても、物理学者が勝手につけた名前です。グルーは「糊《のり》」を意味する英語で、クォーク同士を糊付けしている素粒子というイメージです。ウィークボソンのウィークは「弱い」、ボソンは「ボーズ粒子」という意味で、ボーズは物理学者の名前です。

いっそのこと、〈グルーオン＝強力伝達子〉とか〈ウィークボソン＝弱力伝達子〉とかいってくれたら、わかりやすいのに、と思うのは私だけでしょうか?

考えてみれば、「強い力」を伝達する素粒子〈グルーオン〉が発見された背景には、湯川秀樹さんの理論も一役かっています。陽子と中性子を結びつけている力は、粒子を交換することによって生じていると予言したのです。

〈グルーオン〉がクォーク同士のあいだでやりとりされていることがわかったのは、南部陽一郎さんのおかげでもあります。そういえば、電磁気力を光子が伝達しているという理論の構築にも、朝永《ともなが》振一郎さんが重要な役割を果たしています。

「量子力学」と「一般相対性理論」

20世紀の物理学に燦然《さんぜん》と輝く2つの金字塔があります。「一般相対性理論」と「量子力学」です。

一般相対性理論は、ご存じ、アインシュタインが打ち立てた重力理論です。質量のある物体があると周りの時空がゆがむ、その時空のゆがみが重力を生み出している、などと考える理論です。宇宙のように大きい世界や、ブラックホールのようにとてつもなく重い世界を描くのに適しています。

一方、量子力学はミクロの世界を記述するのに適した理論です。1人ではなく、たくさんの人が関わって作られました。量子力学が明らかにした世界の姿は、かなり奇妙なものです。まず、すべてのものは、「粒子」の性質と、「波」の性質の両方を持っていると考えます。光は「波」であると同時に、「粒子」でもあります。電子も、「粒子」であると同時に、「波」でもあります。

そして、粒子としての光や電子のエネルギーは、ふらふらと揺らいでいて、決まった値をとることができません。ものの状態は観測するまで決まらず、観測した瞬間に決まるという不思議な考え方をとります。ですから、誰も見ていない時に、そのものがどこにあるかは、決まっていないということになります。これが、量子力学の根底にある「不確定性」です。

量子力学が幅を利かせるミクロの世界では、エネルギーは連続ではなく、飛び飛びの値をとる、という特徴もあります。たとえば、原子核の周りをまわっている電子は、ある軌道と、別の軌道を飛び移ることができますが、その時にエネルギーは連続的に変化することはなく、段階的に変化します。

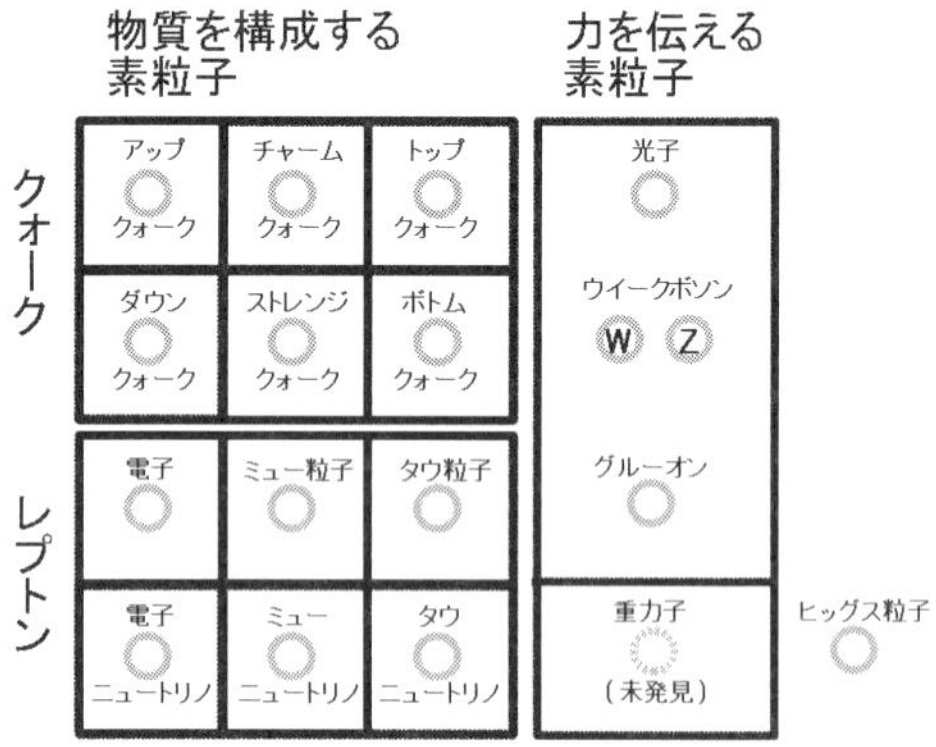

図3　素粒子の一覧表。素粒子の標準理論は、ここに挙げた重力子以外の素粒子で構成されている。

素粒子物理学は日本のお家芸でもあるのですから、もっとわかりやすい日本語の名前をつければいいのに、という気がしますが、どうなんでしょうか。

まあ、愚痴を言っても仕方ありません。それより、ここまで出てきた素粒子を、改めてまとめてみます（図３）。

理論屋さんが予言したクォークが、実験屋さんや観測屋さんによって実在する素粒子として見つかったように、力を伝達する素粒子も実在することが次々とわかりました。

グルーオンは１９７９年に加速器実験で発見されました。この成果には日本の素粒子物理学者も貢献しています。ウィークボソンは１９８３年にＣＥＲＮの加速器（ＬＨＣの先代）によって発見され、翌年には発見者がノーベル賞をスピード受賞しています。ウィークボソンには、Ｚ、

W^+、W^-の3種類があります（ZとWの2種類と数えることもあります）。

ただし、重力を伝達する重力子は、存在が予言されているだけでまだ発見されていません。

★標準理論と力の統一

さて、長い前置きでしたが、ここでようやく、「標準理論」と〈ヒッグス粒子〉の話をする準備が整いました。

素粒子の「標準理論」というのは、物質を構成する素粒子と、素粒子同士の間に働く力、さらにその力を伝達する素粒子によって、素粒子の振る舞いや現象を説明する理論です。「標準」という名のとおり、いろいろな現象を、矛盾がなく、うまく説明することができます（少なくとも、これまでは）。

ただし、現在の標準理論に含まれている力は3つだけで、重力は含まれていません。従って、重力子は標準理論に入っていません。それというのも、まだ、重力まで扱うことのできる統一的な理論が見つかっていないからです。重力は、私たちにとって一番身近な力なのに、素粒子物理学にとっては扱いにくい「難物」なのです（コラム・標準理論に「重力」が含まれていないワケ）。

前に、物理学者の夢はすべてを統一することだと述べました。そのために物理学者がめざしているのが、「4つの力の統一」です。標準理論では、電磁気力と弱い力が統一されています。

それにしても「統一」とはなんでしょうか。前に述べた電気と磁気の話を思い出してください。一見、異なる力のように思える電気力と磁力が、1つの力として扱えることをマックスウェルが示しました。これが「電気力と磁気力の統一」です。

同じように、一見、異なる力のように思える電磁気力と弱い力が1つの力として扱える、言い換えると1つの法則で説明できる、というのが標準理論の予言です。

そして、実際に、電磁気力と弱い力が1つの力として扱えることを、1960年代にワインバーグとサラムが示しました。これを一般に、「電弱統一理論」と呼びます。

言い方を変えると、標準理論は、クォークや電子の仲間を〈物質を構成する素粒子〉と考え、それらの間に働く力を「電弱統一理論」や、強い力の理論である「量子色力学」で表わす理論ということができます。小林・益川理論も、標準理論の中に含まれます。

こうしてみるとわかるように、「標準理論」は一朝一夕にできたわけではありません。多くの科学者がいろいろな考えを織り込んで行って、今に至っているわけです。標準理論はこ

標準理論に「重力」が含まれていないワケ

ヒッグス粒子の発見で「標準理論」はめでたく完成。でも、そこに重力は入っていません――。物理学者の方々は気軽にそう言いますが、私たちからすると、「ええっ？　なんで」という気がします。

重力が専門の素粒子物理学者の大栗博司さんに聞いてみたところ、理由は大きく分けて2つあります。

まず、「素粒子理論が扱う世界では重力は弱すぎるので、その影響は無視できる」。重力は存在感がありますが、実は、電磁気力に比べると桁違いに小さい力です。その証拠に、鉄のクギを小さな磁石で持ち上げることができます。クギを引っ張る地球の重力より、磁石の力が強いのです。強い力は電磁気力より大きいし、弱い力も重力に比べるとはるかに大きい力です。

物理学の理論の世界では、現実に起きている現象がうまく説明できるかどうかが問題です。標準理論は、重力抜きでも素粒子物理学で見つかっている現象をすべて説明できるのです。

もうひとつの理由は、「重力を入れると、うまく計算できなくなる」。つまり、重力を入れたくても、入れられないのです。標準理論を超えて、重力まで入れた理論を作るのが、これからの課題です。

ただし、大栗さんによると、今でも標準理論に重力を入れてはいけないわけではなく、実際は、重力をプラスして、いろんな計算をしているとのこと。「重力の効果が弱い時には、だましだまし重力を入れて標準理論を使うことができます」と大栗さん。物理学の世界には、私たちが考えるより、ゆるっとしたところがあるようです。

こ何十年も進化を続けて、現在の姿になった、ということもできます。

そして、これまでのところ、自然界で起きていることは現在の「標準理論」の予言と非常によくあっていますし、この理論が予言する素粒子はほとんどすべて発見されています。

ただし、「1つの素粒子を除いて」。

この、最後に残った素粒子こそが、ヒッグス粒子なのです。

★強引なヒッグス粒子

いよいよ、ヒッグス粒子の登場です。

プロローグで述べたように、英国のヒッグス博士が予言した粒子なのでこう呼ばれていますが、実は、同じ時に同様の予言をした人は全部で3人います。ヒッグスさん以外の2人は、ベルギーのブロウトさんとアングレールさんです。ブロウトさんは亡くなっていますが、アングレールさんは、CERNで開かれたヒッグス粒子発見のセミナーにも招かれていました。

では、ヒッグス粒子とはどんな素粒子か。一番シンプルな言い方をするなら、「万物に質量を与えた素粒子」です。

では、なぜヒッグスさんたちは、この世界にこんな素粒子が必要だと思ったのでしょうか。

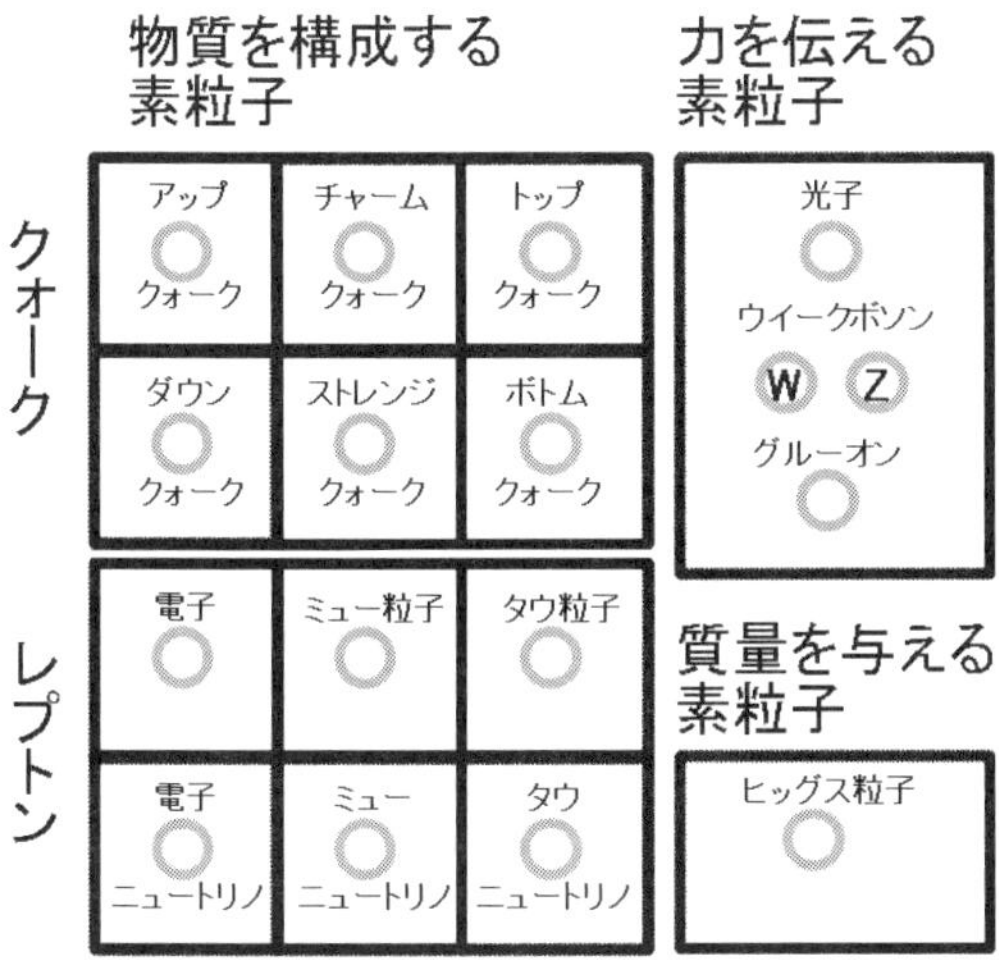

図4　標準理論を構成する素粒子

これまでお話ししてきた標準理論に登場する素粒子には、質量を持っているものと、持っていないものの両方があります。クォークにも、電子にも、ウィークボソン（弱力伝達子）にも質量がありますが、フォトン（光子）には質量がありません。質量がないと考えられてきたニュートリノにも、実は質量があることが最近になってわかりました。いったい、この違いはどのようにして生まれたのでしょうか。

この宇宙が、ビッグバンで始まったという話は聞いたことがあると思います。このビッグバンの直後は、宇宙は非常に熱くて、すべての粒子が光速で飛び回っていたと考えられています。そして、光速で飛び回るものには、質量はありません。なぜなら、質量があると、それによってブレーキがかかって速度が遅くなるからです。

逆にいえば、質量があると光速で飛ぶことはできません（光速で飛ぶ光子に質量はありません）。ですから、宇宙誕生の時には素粒子には質量がなかった、と標準理論では考えます。でも、現実の素粒子には質量があります。その理由を説明するために、ある意味で「無理やり」考え出されたのがヒッグス粒子なのです。言い換えると、「本当は質量がないのに、ヒッグス粒子があるために素粒子に質量が生じている」と考えるのです。なかなか強引な話です。

ヒッグスさんがヒッグス粒子の存在を予言したのは1964年のことでした。ちょうど、あの文化人の素粒子物理学者、ゲルマンさんがクォークの存在を予言したのと同じ年です。ヒッグスさんは、宇宙誕生のビッグバンの直後に、不思議な現象が起きて、素粒子が質量を持つようになったと考えたのです。

いったい、どういう不思議な現象なのか。専門的な言葉で言うと「対称性の自発的破れ」です。どこかで聞いたことがある、と思った人は、2008年のノーベル賞のことを思い出したのではないでしょうか。

この年のノーベル物理学賞受賞者、南部さん、益川さん、小林さんの3人に共通するテーマは「対称性の破れ」、そして、南部陽一郎さんの受賞理由が「対称性の自発的破れ」でした。

★テーブルの上で自発的に破れる「対称性」

対称性の自発的破れとはなんでしょうか。この言葉だけ聞いても、さっぱりわからないので、物理学者はいろんなたとえを持ち出して説明しています。

有名なのは、パキスタン人でノーベル物理学賞受賞者のサラムが持ち出したたとえ話です。パーティーで大きな丸いテーブルに人々がすわっているとします。テーブルの上には、隣り合う人同士のちょうど真ん中にナプキンがおいてあります。それぞれのナプキンは誰に属しているともいえません。誰もが、右側のナプキンを取ることも、左側のナプキンを取ることもできます。このように、偏りがなく、どの方向にも区別がないような状態を「対称性がある」といいます。

ある時、1人の人が左側のナプキンを取ったとします。すると、その隣の人も、そのまた隣の人も、左側のナプキンを取らざるをえません。ぱたぱた、とみんなが左側のナプキンを取ることになります（図5）。

これは、それまでの偏りのなさ（対称性）が、破れたことを意味します。

東大の素粒子物理学者、村山斉さんが、洗濯物を持ち出して、こんなたとえ話をするのを聞いたこともあります。洗濯物を干す時、ハンガーのフックの向きはどちらに向けてもいいはずなのに（つまり、偏りがなく、対称性があるのに）、最初のハンガーをある向きにかけると、次々と同じ方向にかけてしまう（つまり、対称性が破れる）、という話です。

つまり、ランダムな世界に、あるきっかけが生じると、パタパタパタと、ある方向にそろっていってしまう。そんなイメージでしょうか（村山さんの例えばなしを聞いたときには、きっと、自分で洗濯物を干しているんだろうなあ、と親しみを感じました。サラムのほうは円卓を囲むような宴会によく出ていたのかもしれませんね）。

★まとわりつかれて重くなる

では、対称性の破れと、ヒッグス粒子はどうつながっているのでしょうか。話は、宇宙誕生の時に遡《さかのぼ》ります。

図5　丸テーブルの上で起きる「対称性の自発的破れ」

誕生直後の宇宙には対称性があり、真空にヒッグス場が存在していたと考えられます。ヒッグス粒子の話をしていたのに、なんで突然、ヒッグス場がでてくるのかと思うかもしれませんが、実は、ヒッグス粒子の理論は、ヒッグス場の理論です。正確にいえば、素粒子に質量を与えているのはヒッグス粒子ではなく、ヒッグス場です。

「場」というのは難しい概念に思えますが、磁石の周りには「磁場」ができる、と考えるとわかりやすいかもしれません。磁場は、空間に広がっていて、その中にあるものに力を及ぼしますよね。電荷を持ったものがあると、やっぱり、その周りには「電場」ができます（正確にいうと電場と磁場はもともと存在していて、磁石や電荷によって変化すると考えます）。

そして、ヒッグス粒子は、ヒッグス場のエネルギーがちょっと高くなったところに現れる波（振動）のようなものなのですが、話がややこしくなるので、ここでは、あまり厳密に区別しないで使うことにします（もちろん、物理学者の先生たちの間では、そんなの「インチキ」と思う人もいるはずです。実際、ＮＨＫの番組で、あの個性的なノーベル賞学者である益川さんが「インチキ」とおっしゃってるのを耳にしたことがあります。益川先生、ご勘弁を）。

話を元に戻すと、ヒッグス場は宇宙誕生の時から真空の中に存在していたのですが、その値は平均するとゼロで、素粒子に質量を与えるような状態ではありませんでした。ですから、誕生したての宇宙には、質量のない粒子が光速で飛び回っているだけでした。

その後、宇宙が冷えていくと、「対称性の自発的破れ」が起きて、真空の性質が変わります。ヒッグス場に満ちた状態になり（ヒッグス場の値がゼロでなくなり）、素粒子と作用しあうようになって、素粒子が質量を持つようになった、と考えるのです。

なんだか、イメージしにくい話ですが、ヒッグス場が素粒子に質量を与えたメカニズムについても、物理学者はいろいろなたとえ話を用意しています。

ＣＥＲＮの所長、ホイヤーさんは、ヒッグス粒子と思われる新粒子を発見したと発表した２０１２年７月の記者会見で、次のようなたとえ話をしていました。

大きな会場にたくさんのジャーナリストが集まっているとします。そこに、まったく無名の人が入ってきても、誰も関心を払わないので、その場をするすると通り抜けることができます。これが質量のない状態です。

少し、知られている人がやってきたら、ジャーナリストが集まってくるので、歩みが遅くなります。つまり、質量を持つようになって（重くなって）、進みにくくなります。もっと有名なスターだったら（たとえばヒッグス博士だったら）、もっとジャーナリストが寄ってきて、ぜんぜん前に進めなくなります。さらに質量が増え、「ヒッグス博士は、とても重くなる」わけです。

「前に進みにくくなった有名人」を素粒子、ジャーナリストの群衆をヒッグス場と考えてみてください。質量というのは、この歩きにくさと同じようなもので、ヒッグス場が素粒子にまとわりついて歩きにくくしている、と考えるのです。

それにしても、わかったようで、わからないたとえ話ですが、実は、このたとえ話のもとを考え出したのはホイヤーさんではありません。

1993年、イギリスの科学技術担当大臣だったヴァルデブレイクさんが、次のような提案をしました。「ヒッグス粒子とはどういうものか、一枚の紙で説明してみせてほしい。もっともわかりやすい説明をした物理学者には、シャンパンを進呈しよう」というのです。なかなか、おしゃれな提案です。

この呼びかけに応えて、さまざまなたとえ話が登場しました。その中でシャンパンをゲットした五つ話の一つが、「パーティーに有名人が入ってきたら」というたとえ話だったというのです（図6）。

このたとえ話の巧妙なところは、パーティー会場に入ってきた有名人は歩きにくくなるだけでなく、歩く道筋にいる人々が寄っては離れていくので、止まるのも難しいことを示している点です。質量が大きいと動きにくいだけでなく、いったん動き出すと止まりにくくなりますよね？

さらにこの話には続きがあります。パーティー会場のドアのところで噂《うわさ》話がささやかれたと考えます。噂を聞こうと集まってくる人の塊が波のように会場を伝わります。この塊のようなものをヒッグス粒子と考えるのです。

★動きにくさと質量

さて、ここでもういちど、「動きにくさ」と「質量」の関係を整理しておきます。

物理学の世界では、質量は「動きにくさ」「動いている時には止まりにくさ」と考えます。質量が大きいほど、動きにくい、という感じは、日常生活でも感じていることだと思います。重いものは、力を強くしないと動かせませんよね？

これとは別に、ほかのものを「動きにくくする環境」というのがあります。たとえば、水の中で歩こうとすると、まるで、体が重くなったように感じるはずです。ヒッグス場と水とは、まったく別のものですが、イメージは似ています（ただし、この話は「インチキ」と言われるかもしれません。素粒子論が専門の大栗博司さんは、水のたとえ話はミクロの世界でのヒッグス場のメカニズムとは異なると指摘しています。水はその中で動いている物を止めようとしますが、これは「動いていると止まりにくい」という質量の働きと逆だからです）。

一方、ヒッグス場が存在しても、その影響を受けない粒子（したがって質量がゼロのままの粒子）もあります。光子がそうです。

さっきのパーティー会場のたとえ話を使うと、光子は有名なスターではなく、「ただの無名の人」ということになります。会場に入ってきても、誰も関心を払わないので（ヒッグス場がまとわりつかないので）、そのまま、光速で走り抜けることができる、ということになります。

図6　ヒッグス場が素粒子に質量を与える仕組み　Ⓒ CERN
㊤人々で埋まった会場（ヒッグス場で満たされた空間）に㊥有名人（素粒子）が入ってくると、歩く道筋に人々が寄ってくる（ヒッグス場から影響を受ける）㊦有名人（素粒子）は、進みにくくなる。言い換えれば、質量を持つ（重くなる）。無名の人だと人々が寄ってこないので軽く、有名人だと重くなる、と考える。

ここで、「質量」と「重さ」についても、一度、整理をしておきます。とても似ている概念ですが、本当は区別して考えます。

たとえば、月に行った人のことを考えてみてください。質量は地球にいる時と変わりませんが、重さは変わります。地球にいる時に比べて、6分の1の重さになるはずです。質量はどこにいっても変わりませんが、重さは、そのものに働く重力によって変化するからです。

ただし、この本では、あまり厳密に区別しないことにします（これも、物理学の先生の中には「インチキ」という人がいそうですが、ご勘弁を）。

★ヒッグス粒子の発見

このように、私たちのまわりの空間に満ちていると考えられるヒッグス場ですが、ここからヒッグス粒子を取り出して観測するのは至難の業です。そのままではみえないので、無理矢理、観測できる状態に持っていくことが必要です。そのために、CERNの巨大加速器「LHC」で陽子と陽子を超高速でぶつける衝突実験が続けられてきました。

以前にも述べたように、陽子と陽子をぶつけると、衝突前には存在しなかった、さまざまな粒子が飛び出してきます。ノーベル賞学者で、軽妙なエッセイ集「ご冗談でしょう、ファインマンさん」でも知られる理論物理学者リチャード・ファインマンさんは、この反応を「ゴミ箱をゴミ箱にぶつける反応」にたとえたそうです。つまり、さまざまな粒子がでてきて、「きたない」というわけです。

でも、うまくいけば、ゴミの中からヒッグス粒子が見つけられるはず。そう信じて、科学者たちは2つの検出器を用意しました。ひとつが「ATLAS」、もうひとつが「CMS」です。両方とも目的は同じですが、少しずつ違う技術を使って、ヒッグス粒子の検出をめざしてきました。

ATLASグループのまとめ役は、イタリア人女性のファビオラ・ジアノッティ（図7）。世界の研究者が参加する国際チームで、日本からも、東大、高エネルギー加速器研究機構（KEK）などから、約110人の研究者が参加しています。

もう片方のCMSのまとめ役は米カリフォルニア大サンタバーバラ校のジョー・インカンデラ。こちらも国際チームですが、日本は参加していません。

2つのチームはライバルということになりますが、なぜ、2チームあるのでしょうか。それは、それぞれのチームが、別の方法で全く別々にデータを分析して、同じ結果が出れば、「その結果は信頼できる」ということになるからです。ひとつの結果だけだと、誤っていても検証できません（もちろん、競争することで、やる気も出るはずですね）。

★統計と確率が問題

実は、加速器の衝突実験で、結果が信頼できるかどうかを科学者が非常に気にするのには、わけがあります。

第一に、陽子と陽子の衝突で生じるヒッグス粒子を、直接検出することは不可能、ということがあります。ヒッグス粒子は、できたとたんに壊れて、他の粒子に変化してしまいます。しかも、この崩壊の仕方はひとつではありません。崩壊して何ができるかによって、5パターンあると考えられます。

2012年7月にCERNが「ヒッグス粒子と思われる新粒子発見」と発表した実験結果は、そのうちの3パターンをもとにしています。むずかしいのは、このパターンは、ヒッグス粒子の崩壊以外でも起きるということです。

ですから、他の粒子が壊れた結果ではなく、確かにヒッグス粒子の崩壊だと確かめるためには、非常にたくさんの衝突を繰り返し、ヒッグス粒子の崩壊によると思われる反応を見極めなくてはなりません。

図7　ATLASチームのまとめ役、ジアノッティさんはイタリアの出身だ　©2012 CERN

ファインマンさん流にいえば、「ゴミの反応」なのか、「本物の反応」なのかを慎重に見分ける必要があります。

その場合に、重要になるのが「統計」です。「ゴミの反応」が、グラフ上でどのように分布するかは、あらかじめ計算でわかります。ヒッグス粒子の崩壊であることを確かめるには、「ゴミの反応」とは違う、ヒッグス粒子に特徴的な現象を確かめなくてはなりません。これは、グラフの上では、ヒッグス粒子の質量のところに現れるファインマンさん流にいえば、ゴミの山の上にキラリと光る小さな山として捕えられます。ファインマンさん流にいえば、ダイヤという感じでしょうか。

問題は、ある時に小さな山が見えても、「本当の山」なのか、「見せかけの山」なのかが、わかりにくいことです。ある時に山が見えても、もっとたくさんの衝突を観測していくうちに、山が消えてしまうことがあります。「偶然山のように見えたけど、本当は違った」という場合があるのです。

「確かに山がある」というためには、「偶然そう見えるだけ」という可能性（間違う確率）が非常に低いことを示さなくてはなりません。そのために必要なのが統計処理です。そこから、「どのぐらいの確かさで正しいか」をはじき出します。

素粒子物理学の世界で、「発見」の確からしさを示す指標として使われるのは、「標準偏差（σ）」です。σはシグマと読みます。確からしさが5σなら、偶然の間違いである確率は100万分の1以下で、「発見」ということができます。これが3σだと、間違いである確率が1000分の1くらいあり、「新粒子の兆候をとらえた」というにとどまります。

2011年の12月にCERNがセミナーと記者会見を開いた時には、「兆候」にも達していませんでした。それが、2012年の7月には一気に5σに達したのです。このように高い確率で、「発見」というには、膨大なデータが必要です。この時は、陽子と陽子を約1100兆回衝突させたデータを分析しました。

7月4日、CERNの講堂で開かれたセミナーでは、まず、CMSのインカンデラが話しました。最終的に示された結果は4・9σで、99・99993%の確率で新しい素粒子が存在するというものでした。次に話したATLASのジアノッティが示したのは5σで、99・99998%の確率で新粒子が存在するという結果でした。

そして、いずれも、新粒子の質量は125～126GeV付近であることを指し示してい

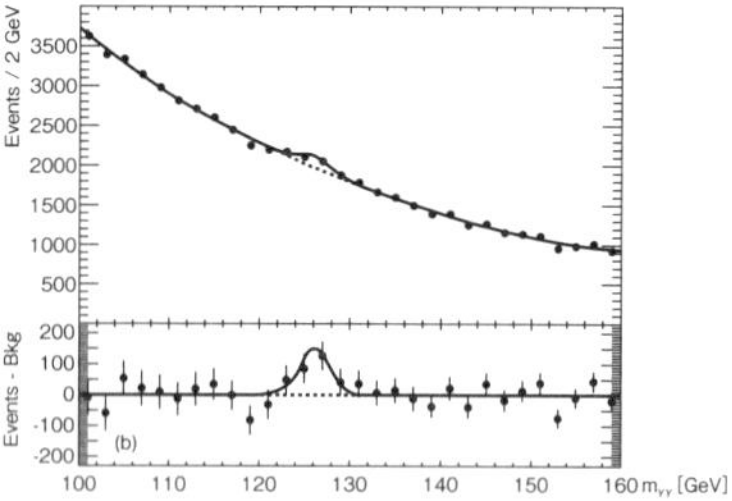

図8　ヒッグス粒子が光子2個に崩壊した事例を表すグラフ。横軸は粒子の質量。ヒッグス粒子がなければなだらかなる（点線）が、126GeVのところにヒッグス粒子と思われる小さな山がみえる　Ⓒ CERN

ました。この質量は陽子の質量の約１３３倍に相当します。ヒッグス博士の予言に基づくヒッグス粒子の想定ともあっています。ＧｅＶというのは、エネルギーを表す単位ですが、アインシュタイン先生の有名な式（Ｅ＝ｍc^2）が示しているように、エネルギーと質量は本質的に同じものです（Ｅはエネルギーを、ｍは質量を、ｃは光の速度を表わしています）。

まさに、ヒッグス粒子の「発見」でした。

巻き起こる大拍手。会場にすわっていたヒッグス博士は、ＣＥＲＮ所長のホイヤーさんからコメントを求められ、「私が生きているうちに、こんな素晴らしい発見があるなんて」と言って涙ぐみました（図９）。

ホイヤーさんは、会場を埋めた科学者たちに向かってこう言いました。「素人としていえば、ヒッグス粒子を見つけたと思う。どうです？」。会場は、再び拍手につつまれました。

★ヒッグス粒子発見の意義

ともかく、こうして無事、発見されたヒッグス粒子ですが、その発見には、どんな意味があるのでしょうか。ここで、プロローグで紹介した東大の浅井祥仁《しょうじ》さんの言葉を思い出してください。

図9　2012年7月4日、ＣＥＲＮのヒッグス粒子（ほぼ）発見のセミナーに招かれたピーター・ヒッグス博士（右）©2012 CERN

「万物に質量を与えた素粒子の発見、というだけっていうのはやめてくださいね」。浅井さんは、別の講演会でも、こう言っていました。「17番目の素粒子が見つかったという、ちょろい話ではありません」。

浅井さんは、決して「質量を与えた素粒子」や「標準理論最後の素粒子の発見」を軽んじているのではありません。標準理論の完成には、もちろん大きな意味があります。20世紀の物理学が組み立ててきた理論が証明され、自然への理解がまちがっていなかったとわかったのですから。ただ、浅井さんが言いたかったのは「今回の発見には、さらに大きな意味がある」ということでしょう。

その意味をまとめていうと、次のようになります。

第一に、ビッグバンで始まったこの宇宙が、星や銀河やさまざまな原子や、さらに言えば私たちのような生物まで内包する、変化に富んだ宇宙になったのはなぜか、という理由付けに一役買うことができます。もし、ヒッグス粒子がなかったら、宇宙誕生直後に生まれた質量のない素粒子が光速で飛んでいるだけで、原子も星も銀河も、そして私たちも、この世界に生まれることはなかったでしょう（もちろん、ヒッグス粒子さえあればいいわけではなく、他の様々な要素も必要ですが、ヒッグス粒子は欠けてはならない要素のひとつです）。

第二に、これまでに発見された素粒子とは性質の違う素粒子が発見されたことです。これまで知られていた素粒子は大きく分けて2種類。クォークや電子は〈物質を形作る粒子〉、光子やグルーオンは〈力を伝える粒子〉でした。ヒッグス粒子は、そのいずれでもなく、3種類目の素粒子です。「入れ物のような存在」と浅井さんは言っています。その発見によって、「真空」の意味も変わります。真空にはヒッグス場が満ちていると考えられます。

第三に、まったく新しい物理学の法則につながる可能性があることです。浅井さんによると、今回見つかった新粒子の126GeVという質量は、標準理論から考えると「軽すぎる」のだそうです。それが何を意味するのかを考えていくと、新しい法則が見えてきそうなのです。

実際、ヒッグス粒子発見が公表されたCERNのセミナーの最後に、ホイヤー所長がこう述べました。「私たちはヒッグス粒子と思われる新しい粒子を発見しました。でも、どのヒッグス粒子？」。その後の記者会見でも、こう話していました。「標準理論のヒッグス粒子なのか、それ以外のヒッグス粒子なのか、見極めなくてはなりません。これは、長い旅の始まりでもあります」。

なんだか、いきなりややこしい話になりましたが、「ヒッグス粒子が発見された」といっても、そのヒッグス粒子は、「標準理論が予言していたヒッグス粒子」なのか、それとも、「標準理論では説明しきれないヒッグス粒子」なのか、という問題が残されているというのです。

それを探る旅の先にあるのは、例えば、「超対称性理論」という、標準理論を拡張する新しい理論かもしれません。または、「超ひも理論」という新理論につながるのかもしれません。さらには、物理学者の究極の夢である「すべての力の統一」に結びつくかもしれません。

つまり、今回の新粒子の発見は、「標準理論」を超えて、私たちの知らない宇宙の真理に迫る鍵となるはず、ということだと思います。

こうしてみると、ヒッグス粒子について理解するためには、宇宙の成り立ちを知ることが欠かせないということが改めてわかってきます。

というわけで、次の章では、宇宙がどのように誕生したのかを紹介することにしましょう。

第2章　宇宙はどのように始まったのか

★宇宙膨張の発見

ハッブルという名前を聞いて、何を思い浮かべるでしょうか。多くの人が思いつくのは、「ハッブル宇宙望遠鏡」かもしれません。１９９０年に打ち上げられて以来、美しく、深遠な、星や銀河の姿を数えきれないほど私たちに届けてくれた宇宙に浮かぶ望遠鏡です。

私たち科学記者も、アメリカのＮＡＳＡが発表するハッブル宇宙望遠鏡の画像を新聞にたくさん掲載してきました。なんだかＮＡＳＡの宣伝をしているようで、悔しい気持ちもあったのですが、画像の素晴らしさには逆らえません。

でも、もちろん、ハッブルはもともと望遠鏡の名前というわけではありません。人の名前です。１８８９年生まれの米国の天文学者、エドウィン・ハッブル（図10）にちなんで名づけられたのです。最新鋭の望遠鏡に名前がつくくらいですから、ハッブルの業績は誰もが認める立派なものに違いありません。どんな業績でしょうか。

図10　エドウィン・ハッブル（1889－1953）は宇宙膨張を発見した

　1929年、ハッブルは、私たちの宇宙が膨張していることを観測によって発見したのです。今でこそ、当たり前のように語られる宇宙膨張ですが、これ以前は「そんなはずはない」と思われていました。その証拠に、あの、アインシュタイン（図11）でさえも「宇宙は、膨張したり、収縮したりせず、静止している」と信じていました。単にそう思ったばかりか、宇宙を静止させるために、ちょっとした細工までしたというから驚きです。

　といっても、もちろん、本当の宇宙に細工をしたわけではありません。アインシュタインといえば、相対性理論が有名です。特殊相対性理論に続いて、1916年に完成した一般相対性理論は、簡単にいえば重力の理論です。そして、一般相対性理論から導かれる方程式を素直に解くと、「宇宙は膨張したり、収縮したりする」という答えが出るのです。

　ところが、「宇宙は膨れたり縮んだりしない。静止しているんだ」と信じていたアインシュタインは、その答えが気に入りませんでした。そこで、自分の方程式に「宇宙定数」と呼ばれる定数を付け加えて、数式の上で宇宙を静止させたのです（「宇宙定数」は「宇宙項」とも呼ばれます。その意味することはもう少し後で登場します）。

一方、ロシアの数理物理学者フリードマンは、１９２２年に「宇宙定数なし」のアインシュタイン方程式をそのまま素直に解いて、宇宙の運命に３つのシナリオがあることを示しました。この場合の宇宙の運命の違いは、宇宙膨張の運動エネルギーと、それを妨げて引き戻そうとする重力（宇宙に含まれる物質の量）のバランスで決まります。

一つ目は、宇宙は膨張しているが、引き戻す力が強くて膨張は徐々に減速し、やがて膨張が止まって縮み始め、一点に収縮してしまうシナリオ。

二つ目は、引き戻す力が足りないためにいつまでも膨張し続けるシナリオ。

三つ目は、一つめと二つめのちょうど中間で、膨張は常に減速していくものの、決して止まることはなく膨張を続けるシナリオ。

図11　アルベルト・アインシュタイン（1879―1955）は「宇宙定数」を導入して宇宙を静止させた

宇宙の運命はそれぞれ違いますが、ともかくも、今の宇宙は膨張していることになります。これらのシナリオを「フリードマンの宇宙」と呼びます（ちなみに、フリードマンは、この論文を発表してから1年半後に37歳の若さで病死してしまいます。ハッブルが宇宙膨張を観測で証明するのを見届けることはできませんでした）。

フリードマンから5年遅れて、ベルギーの物理学者で神父さんでもあるルメートルも、アインシュタインの方程式を解いて「宇宙は膨張している」という答えを導きました。フリードマンの宇宙と違っているのは、アインシュタインの「宇宙定数」を入れてある点です。

宇宙が膨張している点ではフリードマンの宇宙と同じですが、「ルメートルの宇宙」は、ある時点で宇宙の膨張が加速します。フリードマンの3つのシナリオとは違う、4つ目のシナリオということになります。

ハッブルが、アインシュタインとフリードマン、ルメートルの意見の食い違いを知っていたのかどうかはわかりません。でも、ハッブルは、彼らのような理論屋ではなく、観測屋さんです。観測屋の命は望遠鏡、というわけで、ハッブルは米国ロサンゼルス郊外にあるウィルソン山天文台の望遠鏡を使って、遠くの銀河の距離と、その銀河の運動を観測しました。そこから、あることに気づきました。

銀河の距離を横軸に、銀河が地球から遠ざかる速度を縦軸にグラフを描くと、銀河の分布

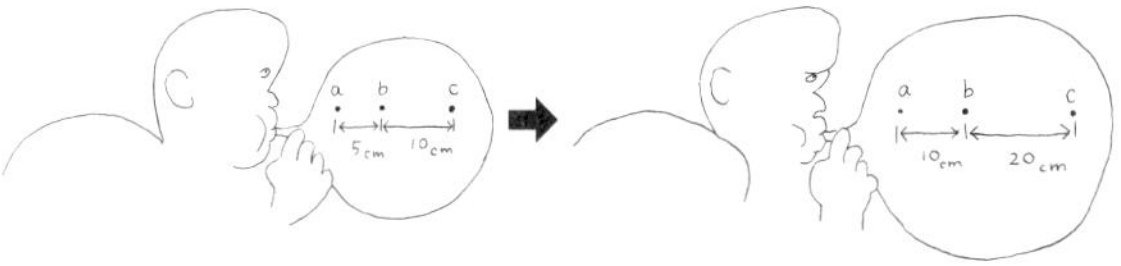

図12　宇宙膨張のイメージ　風船を膨らませていくと、遠い点の方が速い速度で遠ざかる

が右肩上がりの直線になっていたのです。言い換えると、遠い銀河ほど早いスピードで遠ざかっていて、そのスピードは地球からの距離に比例する、ということになります。これが「ハッブルの法則」です。

このデータが意味するのは何でしょうか。それこそが「宇宙は膨張している」ということでした。しかも、ある部分だけでなく、宇宙全体が一様に膨張している、ということを示していたのです。

なぜ、ハッブルのグラフからそれがわかるのか。天文学者がよく持ち出すのが、風船のたとえです。

しぼんだゴム風船の表面に、同じ間隔で点をおいて起きます。たとえば、縦横が1ミリ間隔になるように点を書いたとしましょう。風船を一定の速さで膨らませていくと、点と点の間も一定の速さで離れていきます。隣り合う2つの点の距離を見ている限り、どの点と点の間も同じ速さで離れていくはずです。2ミリになり、5ミリになり、10ミリになる。

でも、ひとつ飛んでその隣の点との間はどうでしょうか。はじめは2

ミリ離れていた点が、4ミリ、10ミリ、20ミリという風に遠ざかっていくはずです。同じ時間で隣り合う点が離れていく距離と、ひとつ飛んで隣の点が離れていく距離を比べると、後者の方が大きくなります。つまり、遠ざかる速度は遠くにある点ほど速い、ということになります（図12）。

もちろん、私たちの宇宙は、風船の表面とは違います。風船の表面は2次元ですが、私たちの宇宙は3次元空間です。でも、空間の膨張も同じように考えることができます。宇宙空間が、どこでも同じように膨張しているとすれば、遠くの点（この場合は銀河や星）ほど、速く遠ざかって見えるはずです。

逆に言えば、宇宙のどこを見ても遠い星ほど距離に比例して速い速度で遠ざかっているとすれば、この宇宙は膨張していると結論付けることができるわけです。

★ハッブルを支えた「宇宙の灯台」

こうして、ハッブルは宇宙膨張を発見し、かのアインシュタインに「宇宙定数を付け加えたのは人生最大の失敗だった」と言わしめました。でも、振り返ってみると、この発見はハッブル一人の功績ではありません。第一に、ハッブルの発見を支えていたのは、遠くの銀河までの距離を測る方法です。

　天体までの距離を測る。言葉で言うと簡単ですが、実は、かなりの難題です。多くの科学者が挑んできたテーマで、その道のりをたどるだけで一冊の本が書けるくらいの話です（実際、このテーマで書かれた本もあります）。それというのも、遠くなるほど測り方がむずかしく、いろいろな工夫をしなくてはならないからです。

「遠いところにある星は、近いところにある星より暗いのだから、明るさを見れば遠さがわかる」と思うかもしれません。確かに、本来の明るさが同じなら、遠い天体ほど暗く見えるというのは、だれでもぴんとくる話でしょう。宇宙にある星の本来の明るさが仮に全部同じだとしたら、星の明るさの違いは、そのまま星までの距離の違いということになります。

　でも、元の明るさは星や銀河によって違います。もともとすごく明るければ遠くにあっても明るく見えるでしょうから、「暗いから遠い」とは言い切れません（実際、とても遠くにあるのに、明るく見える星はあります）。ですから、天体の明るさから距離を知ろうと思ったら、天体の本当の明るさ（絶対光度）を知らなくてはなりません。

　遠い星の本当の明るさを知るためにハッブルが使ったのは、「セファイド型変光星」と呼ばれる星を利用する方法でした。セファイドは、ケフェウス座で最初に見つかった変光星で、まるで脈動しているように数日〜数十日の周期で明るくなったり暗くなったりします。

それだけでなく、脈動の周期が、それぞれの変光星ごとに決まっていて、「周期が長いほど本当の明るさが明るい」という関係が成りたっているのが特徴です。このため、「宇宙の灯台」とも呼ばれますが、この関係を発見したのは米国の女性天文学者リービットです（コラム・「宇宙の灯台」を見つけた女性天文学者）。

本当の明るさがわかれば、見かけの明るさと比べることによって、その星までの距離がわかります。ハッブルは、そうやって銀河の距離を算出したのです。

★遠ざかる天体の「赤方偏移」

もうひとつ、ハッブルが利用したのは、「遠ざかる天体からの光の波長は、本来の光の波長よりも長くなる」という現象です。私たちの目に見える光（可視光）でいえば、波長が長い光は赤い光なので、この現象を「赤方偏移」と呼びます。

この話を理解するのは、割合に簡単です。なぜなら、救急車のサイレンのたとえ話ができるからです。

救急車が近づいてきて、目の前を通り過ぎて去って行く時に、サイレンの音がヒューと高くなって、その後ヒューと低くなるのをみなさんも経験したことがあると思います。救急車がサイレンの音を変えているわけではありません。私たち人間の側の「聞こえ方」の問題です。

私たちの耳（聴覚）は、いってみれば「受信機」で、音波の振動数（周波数ともいう）が大きいほど高い音だと感じ、振動数が小さいほど低い音だと感じます。振動数は、1秒間に波が繰り返す数のことです。

音源（この場合だと救急車）が動いていない時は、耳に届く音波の波の繰り返しの数は一定です。ですから、同じ高さの音が聞こえ続けます。音源が近づいてくるときは、1秒あたりに耳に届く音の波の繰り返し数が多くなります。その結果、私たちの耳は「音が高くなった」と感じるのです。音源が遠ざかっていくときは、逆に繰り返し数が少なくなるので、「音が低くなった」と感じます。

光も同じです。光源が近づいてくる場合は振動数が増える、つまり、波長が圧縮されて短くなります。一方、光源が遠ざかっている場合は、波長が延びて長くなります。私たちの目に見える可視光の場合、波長が長い光は赤く、波長が短い光は青く見えます。ですから、光が遠ざかっている場合、波長が引き伸ばされて赤く見えます。これが赤方偏移です（図13）。

「宇宙の灯台」を見つけた女性天文学者

セファイドの変更周期と絶対光度（本当の明るさ）の関係を最初に発見したのは、米国の女性天文学者、ヘンリエッタ・リービット（1868～1921年）です。

マサチューセッツ生まれのヘンリエッタは、名門ラドクリフ・カレッジを卒業した後、ハーバード大学天文台でボランティアを始めました。夜空を写した写真乾板を調べて星のカタログを作る仕事で、リービットの任務は変光星を探すことでした。

毎日、写真乾板と向かい、私たちの銀河系の隣にあるマゼラン星雲の中の変光星を探しているうちに、リービットはあることに気づきました。周期が長い変光星ほど明るかったのです。マゼラン星雲の中の星は16万光年ととても遠くにあります。ですから、どの星も地球からだいたい同じ距離にあると考えることができます。ですから、リービットの発見は、変光周期が長いほど、本当の明るさが明るいということを意味していました。

この発見をした時、リービットはどんな気分だったのでしょうか。彼女が後に発表した論文は1777個の変光星についてまとめています。これほどの数の変光星を発見した後、リービットは53歳でこの世を去っています。彼女の発見は、その後の天文学を大きく発展させ、今に至っているのです。

実は、遠くの銀河からやってくる光が赤方偏移していることは、ハッブル以前に米国の天文学者、ヴェスト・スライファーによって観測されていました。遠くにある銀河のほとんどがなぜか地球から遠ざかっていることまでは突き止めていたのです。

ただ、スライファーは銀河の距離を求めていなかったので、ハッブルのように「遠い銀河ほど、速いスピードで遠ざかっている」ということまでは、わかりませんでした。ハッブルが大発見できたのは、スライファーによる銀河の速度の測定と、リービットの発見に基づく距離の測定のおかげだったともいえるでしょう。

このように、先人たちの知恵の恩恵を受けながら、ハッブルは「私たちの宇宙が膨張している」という、思いがけない事実を突き止めました。でも、振り返ってみると、「なかなか大胆だな」と思うことがあります。

さきほど、ハッブルは遠くの銀河を観測し、銀河の距離と、遠ざかる速度のグラフを見て、この2つが比例することに気づいたと言いました。でも、そのグラフを見ても、星はきれいな直線上に乗っているようには見えません。ハッブルは、「えいやっ」と右肩上がりの直線を引いたはずです。おそらく、ハッブルの頭の中には、もともと「膨張する宇宙」のイメージがあったのではないでしょうか。ここが、ハッブルの天才的なところだったのかもしれま

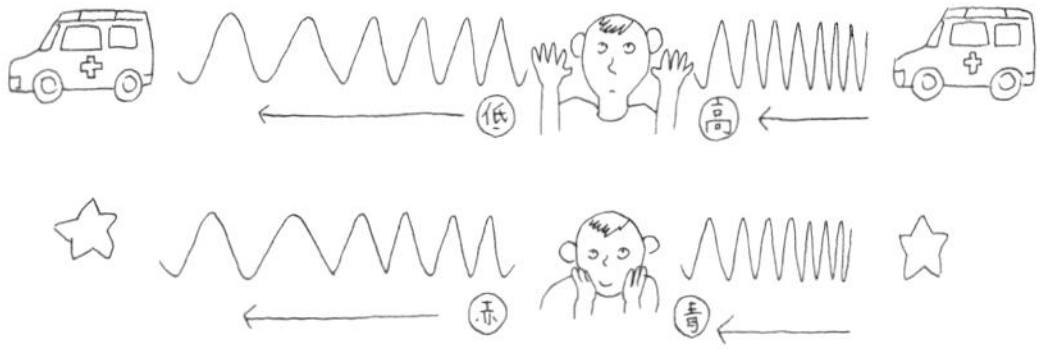

図13　サイレンと赤方偏移　遠ざかるサイレンの音が低くなるように、遠ざかる星の色は赤い色にずれる

せん（実は、こつの点については異論もあります。詳しくはコラム・宇宙膨張の本当の発見者は？に）。

★ビッグバン宇宙論の登場

こうして発見された膨張宇宙は、その後の宇宙論の発展の出発点となりました。

今の宇宙が膨張しているということは、時間をさかのぼれば宇宙はどんどん小さくなっていき、最後はとても小さな空間に押し込められる、ということを意味しています。つまり、「宇宙には始まりがあった」ということになります。

時間をさかのぼって宇宙を圧縮していくと、どんなことが起きるでしょうか。空気の入った密閉した箱をぐうっと押し縮めていくと、どうなるかというと、温度が上がります。空気の中に含まれる分子の密度が高まり、分子の運動が活発になるためです。宇宙も同じように、時間をさかのぼって圧縮していくと、温度も密度も非常に高い状態になっていきます。

そこから導かれたのが、宇宙は熱い「火の玉」のような状態から始まったと考える「ビッグバン宇宙論」でした。

ビッグバン宇宙論は、ロシア生まれの米国の物理学者、ジョージ・ガモフが１９４６年に唱えた理論です。ハッブルの宇宙膨張の発見から17年たっていることからもわかるように、宇宙膨張がわかったからといって、それがそのままビッグバンで始まった宇宙を意味していたわけではありません。

実際、ハッブルの観測以降も、英国の天文学者フレッド・ホイルは、宇宙には始まりも終わりもなく一定不変、と考える「定常宇宙論」を唱え、一歩も譲りませんでした。宇宙が膨張していることは認めざるをえないとしても、膨張するにつれて物質が新たに生まれていくので、宇宙の中身は変わらないというのです。

余談ですが、ガモフもホイルも、一風変わったユニークな人物として有名で、いろいろな逸話が残っています。たとえばガモフは、ビッグバン宇宙論のもとになる論文を研究仲間のラルフ・アルファーといっしょに発表する時に、「語呂がいいから」というだけの理由で、研究にはまったく関係なかった物理学者ハンス・ベーテの名前を無理やり入れてしまいまし

宇宙膨張の本当の発見者は？

宇宙膨張の本当の発見者は誰かをめぐるおもしろい話がある、と教えてくれたのは宇宙論が専門の須藤靖さんです。以下、須藤さんが「日本物理学会誌」に紹介した話をたどってみます。

事の発端は、2011年に発表されたカナダの天文学者の論文。この中で、宇宙膨張を発見したのはハッブルではなく、ベルギー人の神父ルメートルだと主張しています。ハッブルの宇宙膨張が発表されるより前の1927年に、フランス語の論文で宇宙膨張の法則を発表していたというのです。さらに、この論文は1931年に英訳され、英国王立天文学会誌に掲載されました。ところが、この英訳文からは、ルメートルが正しく宇宙膨張を理解してハッブル定数を導いたことがわかる部分が、ごっそり抜け落ちているというのです。

ハッブルが宇宙膨張発見の栄誉を自分のものにするために、王立天文学会に圧力をかけてその部分を削除させたのではないか。でなければ、ハッブルの怒りを恐れた王立天文学会が削除したのではないか。「ハッブル悪人説」を背景にさまざまな憶測が現代の天文学者の間に広がりました。

真相を突き止めたのはアメリカの天文学者です。2011年11月に発表した論文によると、論文を英訳したのはルメートル自身であり、問題の部分を削除したのもルメートルだったというのです。

これで「ハッブル圧力説」は覆されたわけですが、なぜルメートル自らが削除したのかは謎《なぞ》のまま。いずれにしても、歴史に名を残す「発見者」の陰には、多くの人の積み重ねがあることは確かだと思います。

た。著者名を「アルファ、ベータ、ガンマ」（ギリシャ語のＡＢＣ）とするためです。

一方、「ビッグバン」という名前は、ガモフの考えを信じていないホイルが、皮肉を込めて名づけたものだそうです。その言葉が生き残ってしまったのも、なんとも皮肉な話です。

★ビッグバンの残り火

始まりのある宇宙か、始まりのない宇宙か。１９６４年に軍配はガモフに上がりました。理論屋さんであるガモフの予言が、観測によって実証されたからです。ガモフの予言とは、「宇宙が熱い火の玉で始まったのだとすれば、その名残りが今の宇宙にも残っているはずだ」というものです。

実は、ガモフが「熱い火の玉」を考えたのは、単に膨張している宇宙の時をさかのぼってみた、というだけではありません。ガモフは、現在の宇宙に満ちている大量の元素が、高温・高密度の宇宙誕生の時に生まれたと考えました。

ここからガモフが考えた予言は「ビッグバンの名残りとして、今の宇宙に波長の長い電波（マイクロ波）が観測されるはずだ」というものでした。

彼が当時考えたシナリオは、今にしてみるとちょっとした間違いがありますが、基本はあっています。現代のシナリオに直すとこんな感じです。

宇宙は高温・高密度の火の玉で誕生し、その後、膨張を始めた。誕生から間もない宇宙には大量の光が満ちていた。宇宙は膨張するにつれて、だんだん冷え、素粒子ができ、陽子や中性子や電子ができ、やがて陽子と中性子がくっつくようになり、もっとも軽い原子である水素やヘリウムの原子核が生まれた。

宇宙誕生から約38万年が経過すると、宇宙の温度はさらに下がり、それまで自由に飛び交っていた電子が水素やヘリウムの原子核に捕らえられるようになる。すると、それまで飛び交う電子に阻まれて直進できなかった光が外に出られるようになり、宇宙が晴れあがる。

この時に発した光は、今に至るまで進み続け、現在の宇宙に満ちている。ただし、宇宙が膨張を続けてきたために、光の波長は引き伸ばされる。結果的に、現在の宇宙では、波長の長い電波（マイクロ波）として観測される。

★ビッグバンの証拠

ガモフの予言を聞いて、みんなが「それはすごい！」と言ったかといえば、残念ながらそんなことはぜんぜんありませんでした。それどころか、忘れられていたといってもいいでしょう。ガモフの予言が息を吹き返すのは、予言から15年以上たった１９６４年のことです。しかも、それは偶然のできごとでした。

このころ、米国のニュージャージー州にある「ベル研究所」というところで、２人の電波天文学者、アーノー・ペンジアスとロバート・ウィルソンが宇宙からやってくる電波を観測しようとしていました。衛星との通信用に作られた精度のよいアンテナを使って宇宙の電波源を探ろうと考えたのです。

そのために２人はまず、観測の邪魔になる「雑音」を調べておくことにしました。この場合の「雑音」は、音ではなくて、電波です。観測を始めると、予想外に強い雑音があることがわかりました。その雑音は、マイクロ波と呼ばれる波長の長い電波でした。

最初は、観測器に原因があるのではないか、でなければ大気中に雑音の源があるのではないかと思ったのですが、なんとしても雑音を消すことができません。いろいろな手立てを尽くし、アンテナに巣を作ったハトのフンが原因ではないかと掃除までしたそうです。そして、最終的に、このマイクロ波は宇宙のあらゆる方向から同じ強度でやってきているとしか思えない、ということがわかったのです。

２人は、このマイクロ波が何を意味するのか、見当がつきませんでした。そうこうするうちに、ある日、ペンジアスがＭＩＴの天文学者バーナード・バークさんに、この雑音の話をしたところから、謎が解けたのです。バークさんはちょうど、ビッグバンの名残りであるマイクロ波の予言についてプリンストン大学の科学者から聞いたところだったのです（余談ですが、私はこのバークさんに何年も前にボストンでお目にかかってシーフードをごいっしょしたことがあります。背の高い、気さくな天文学者です。残念ながら、当時はこのマイクロ波背景放射のエピソードを知らなかったので、この話は聞きそこなってしまいました）。

つまり、この雑音こそが、ガモフが予言したビッグバンの残り火だったのです。なんともすごい予言だと思いませんか？

★絶対温度２・７度のマイクロ波

この残り火は、絶対温度２・７度（絶対温度零度は摂氏マイナス２７３度）の「マイクロ波宇宙背景放射」と呼ばれます。「宇宙背景放射」は、英語では「コズミック・バックグラウンド・ラディエイション」です。なぜ、「背景放射」と呼ぶかというと、宇宙のどこを見ても、あらゆる方向から同じようにやってくるからです。太陽の光や、私たちの身の周りにある光や電波などを、すべて取り除いても最後に残る「背景（バックグラウンド）」だからです。

実は、この背景放射は、みなさんも目にしたことがあるはずです。真夜中に番組が終わった後のテレビ画面に出るザーというノイズ。さまざまな雑音が入っていますが、そこにほんの少しだけ宇宙背景放射によるものが含まれているのだそうです（デジタル化でなくなったという話もあります）。

マイクロ波の温度が絶対温度2・7度というのは、ちょっとわかりにくい話かもしれません。まず、マイクロ波ですが、これは波長が普通の光より長い電磁波のことです（電波と電磁波は同じものです）。電子レンジが利用している電磁波はマイクロ波です（ですから、電子レンジは英語では「マイクロウエーブ」と、そのものの名前で呼ぶのです）。絶対温度というのは、摂氏マイナス273度をゼロとした時の温度です。絶対温度零度の世界は、すべてのものが動きをとめた完全に静止した世界です。

次に知る必要があるのは、温度を持つすべての物体からは電磁波が出ている、ということです。太陽からも、生物からも電磁波が出ています。みなさんの体も摂氏36度ぐらいの温度を持っているはずなので、やっぱり電磁波を出しています。

物体から出てくる電磁波には、さまざまな波長が含まれていて、波長ごとの強さのパターンは温度によって決まります。逆に言えば、波長と強度の関係を見れば、その電磁波を出している物体の温度がわかることになります。

ペンジアスとウィルソンがキャッチしたマイクロ波の波長と強度のパターンは、絶対温度２・７度（２・７Ｋ）の物体が出す電磁波に一致していたのです。これは、誕生直後に非常に高温だった宇宙が出していた光（光も電磁波です）が、宇宙の膨張によって引き伸ばされた結果だと考えると、とてもよく合う観測結果でした（図14）。

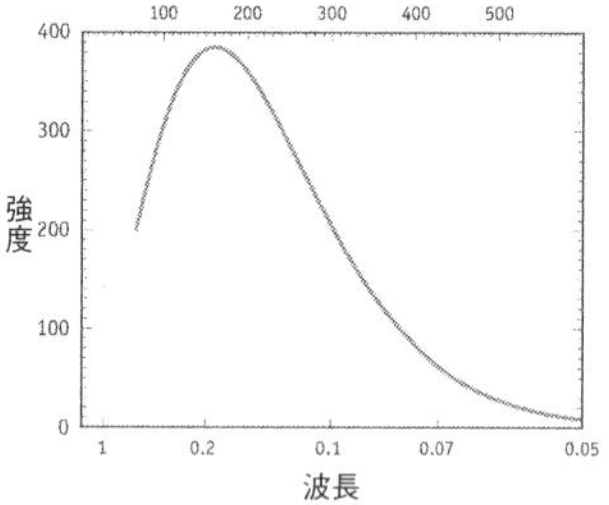

図14　絶対温度2.7度のマイクロ波背景放射のスペクトル　©NASA／WMAP Science Team

かつて、３０００度と高温だった宇宙から発した光が、宇宙膨張によって引き伸ばされ、今では絶対温度２・７度まで冷えた宇宙が発するマイクロ波として観測されるのです。ガモフの予言は、正しかったのです。

これで、「ビッグバン宇宙論」は、単なる理論屋さんの空想ではなく、実際に宇宙に起きたことに違いない、と認められるようになりました。

ガモフは１９６８年に亡くなっていますが、好敵手だったホイルは86歳まで長生きして、

2001年に亡くなっています。生涯、自説を曲げず、「定常宇宙論」を唱え続けましたが、ホイルは、単なるがんこ親父だったわけではありません。天文学者としてとても優れた業績を残し、女王陛下によってナイトの称号を授けられています。定常宇宙論者でなければ、ノーベル賞をもらってもおかしくなかったという人もいるくらいです。

★ビッグバン理論のさらなる証拠

宇宙背景放射の存在でビッグバン宇宙論は裏付けられたものの、実は、これだけでは証拠は十分ではありませんでした。

宇宙がビッグバンで始まり膨張を続けて今にいたったと考える「ビッグバン宇宙論」を証明するためには、宇宙背景放射が存在するというだけでなく、そこに「ムラ」がなくてはならなかったからです。

ムラ？　そうです、画用紙に絵の具できれいに背景の色を塗ったのに、ムラムラができてしまったという時の、あのムラです。濃淡といってもいいでしょう。

でも、なんで、宇宙の最初に、そんなムラが必要だったんでしょうか？

それは、銀河や銀河団などを作り出すためです。もしムラがなかったら、ビッグバンで生まれた宇宙はのっぺらぼうのままで、何も生み出しません。ハッブル宇宙望遠鏡が撮影した美しい星や銀河を作り出すためには、その「種」が必要で、それが「ムラ」だというのです。

こうしたムラムラが宇宙初期にあったことは、観測で証明する必要がありますが、それとは別に、ビッグバンによる宇宙誕生を説明するためには、理論の方にも課題がありました。

第一に、ビッグバン理論の中には、ムラムラを作り出す仕組みが組み込まれていませんでした。どうすれば、ムラを作り出せるのか。

第二に、「平坦性問題」と呼ばれる課題があります。これは、「なぜ、宇宙空間は平らなのか」という話です。

宇宙空間が平らだとか、曲がっているとか言われても、なかなかぴんときませんが、アインシュタインの重力理論である一般相対性理論にはつきものです。

さきほど、アインシュタインの方程式から導かれる「フリードマンの宇宙」には、3つのパターンがあるという話をしましたが、この3つは宇宙空間の曲がり方に対応しています。

膨張が徐々に減速し、やがて一点に収縮してしまう宇宙は、曲がりが「プラス」。いつまでも膨張し続ける宇宙は、曲がりが「マイナス」。そして、これら2つの境目にあるのが、曲がりが「ゼロ」の宇宙です（図15）。

観測されている宇宙の様子から見ると、曲がりはほとんどゼロと思われました。言い換えると「平らな空間」です。でも、宇宙の曲がりがプラスでもマイナスでもなくて、「ゼロ」というのは、あまりにできすぎている話で、本当にそうだったら、理由付けが必要だと考えられていました。

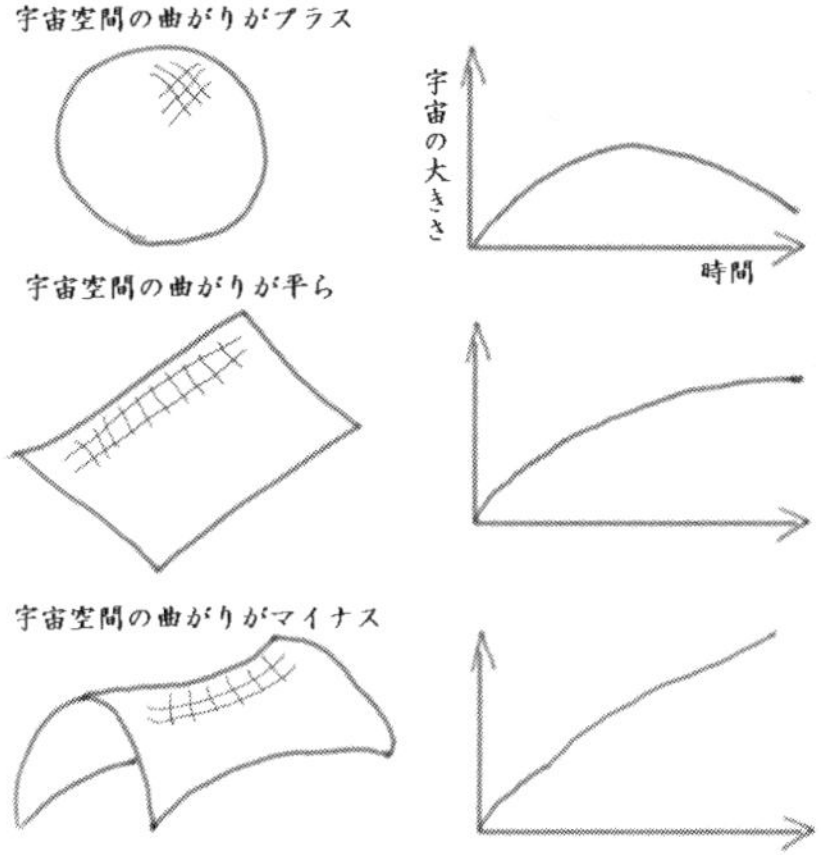

図15　宇宙の曲り方のイメージと宇宙の膨張　曲りがプラスの宇宙はやがて収縮に転じ、曲りがマイナスの宇宙と、平らな宇宙は膨張を続ける

第三に、「地平線問題」と呼ばれる問題があります。これは、言い換えると「なぜ宇宙背景放射は全天のあらゆる方向から同じようにやってくるのか」という話です。

私たちは、そんなものかと思いますが、これが物理学者にとっては、とても不思議な話なのです。これまで一度も出会ったことのない、遠く離れた宇宙空間同士が、同じ温度、同じ状態であるのには、なにか理由があるはず。でも、その理由

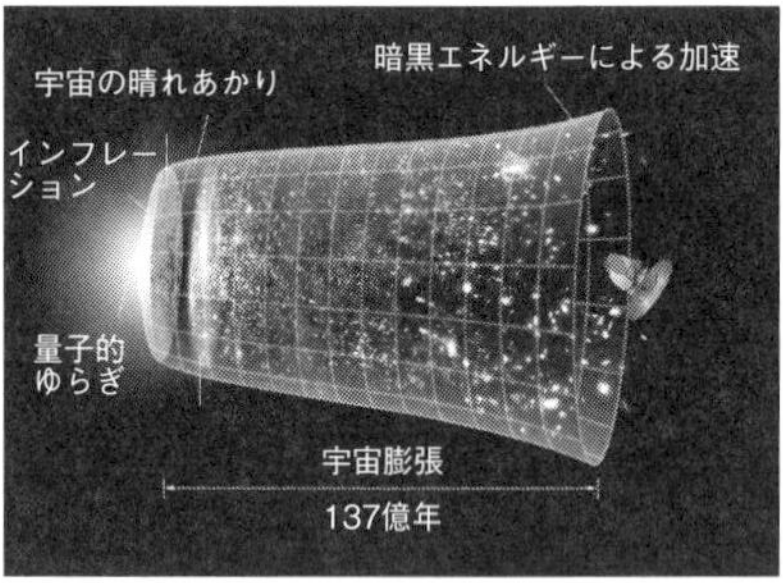

図16　インフレーションを経てビッグバンに始まった宇宙膨張の歴史　ⒸNASA / WMAP Science Team

がわかりません。

こうした問題を一気に解決できると期待される理論が、1980年に登場した「インフレーション宇宙」です。

★インフレーション宇宙

インフレーションという言葉は、もともとは宇宙論の言葉ではありません。経済の言葉で、物価が上昇を続ける時に使います。デフレは、その逆です。でも、宇宙論の世界では、インフレーションといえば、宇宙が誕生した時の急激な膨張を意味しています。

インフレーション理論によれば、こうした急激な膨張が起きたのは、ビッグバンの火の玉宇宙よりも前の話です。小さな小さな宇宙のもとが、一瞬にして膨れ上がり、このインフレーションが終わったときに火の玉宇宙となった、というイメージです。

こういう宇宙の始まりの急激な膨張を最初に考えたのは、理論物理学者の佐藤勝彦さんです。1980年に論文を発表し、この膨張を「指数関数的膨張モデル」と呼びました。「指数関数的」というのは、倍々ゲームで急速に大きくなっていく様子をいいます。

佐藤さんの論文から半年後、米国のアラン・グースが本質的には同じ理論を独自に考えて論文発表しました。「インフレーション宇宙」は、この時、グースが名づけた名前で、その後、みんながこの名前を使うようになっています。

では、宇宙初期のインフレーション理論とはどんなもので、どのように問題を解決できるのでしょうか（図16）。

まず、ビッグバン理論だけでは作り出せない「星や銀河の種」をつくることができます。インフレーション宇宙論では、宇宙誕生の初期にわずかな「量子的なゆらぎ」と呼ばれるムラムラがあり、それが急激な膨張で引き伸ばされ、星や銀河の種になったと考えるからです。

次に、「平坦性問題」ですが、宇宙初期に空間に曲がりがあったとしても、インフレーションの急激な膨張によって大きく引き伸ばされると、曲がっているかどうかわからなくなってしまいます。だから、宇宙が平らに見えてもおかしくありません。地球が丸くても私たちがそれを実感できないのと同じようなものです。

さらに、「地平線問題」です。インフレーション前の宇宙は本当に小さかったので、それ

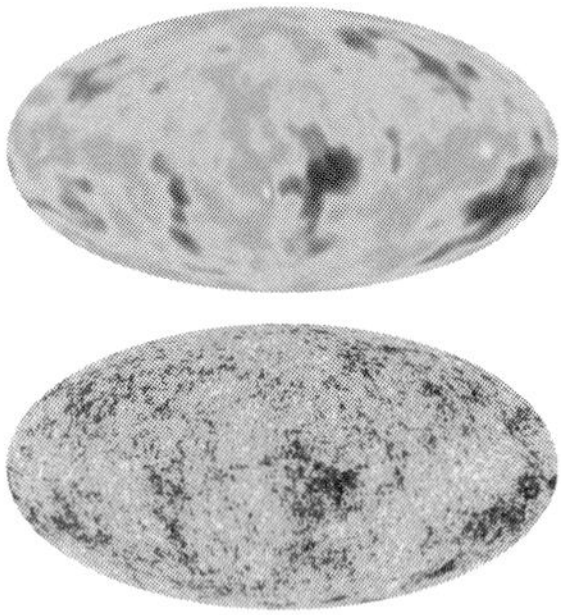

図17　COBE（㊤）と、その後継機であるWMAP（㊦）が観測した宇宙背景放射の「ムラ」。WMAPはより精度高く「ムラ」を描き出した　©NASA / WMAP Science Team

がインフレーションで一気に引き伸ばされたとすれば、宇宙のあらゆる方向から同じ温度の背景放射がやってきても、不思議はありません。

こうして、理論は一歩先に進みましたが、理論はあくまで理論。観測で証明しなくてはなりません。この難題に挑んだのが、専用の観測衛星「COBE」でした。

★COBEが「ムラ」を発見

COBEがNASAのデルタロケットによって打ち上げられたのは、1989年のことです。3つの観測装置を積んで、宇宙背景放射をより精密に観測することをめざしていました。ひとつの観測装置のリーダーがNASAゴダード宇宙センターのジョン・マザーさん、もうひとつ別の観測装置のリーダーが、米ローレンス・バークレー研究所のジョージ・スムートさんでした。

最初の観測結果は、COBEが観測を初めて9分後に届き、観測チームを大喜びさせました。ビッグバンの残り火であるマイクロ波背景放射の特徴が、ビッグバン理論の予言とぴったり一致したからです。ペンジアスとウィルソンの観測よりはるかに精度の高い観測によって、ビッグバン理論を改めて裏付けたのです。

でも、初めからねらっていた背景放射のムラムラを見つけるまでには、この後、かなり時間がかかりました。それというのも、発見しようとしていたムラは、10万分の1という本当に小さな小さなゆらぎだったからです。それでも、打ち上げから3年後の1992年に、待ち望んでいた宇宙背景放射のムラが確認されました（図17）。

スムートさんが、この観測結果を発表した米国の物理学会には大勢の聴衆が押しかけ、会場は熱気に包まれたそうです。そして、このムラムラは、インフレーション理論が予測する「量子的なゆらぎ」を支持するものでもありました。

スムートさんは、所属する研究所の機関誌の記事で次のように語っています。「これは、インフレーション理論が検証にかけられた最初のケースです。私たちの発見は、インフレーションを証明したわけではありませんが、インフレーション理論と矛盾がありません」。

この成果によって、スムートさんとマザーさんは、2006年にノーベル物理学賞を受賞しました。「これで人々はインフレーション理論を信じるようになるだろう」。受賞が決まった時にスムートさんが語った言葉を、インフレーション理論の生みの親である佐藤勝彦さんは、今もよく覚えているそうです。

そのスムートさんに、私は2回、お目にかかったことがあります。1回目は1995年、東大で開かれた国際シンポジウムです。2回目はノーベル賞受賞後に来日した時に、時間を作ってもらってインタビューしたのですが、はっきりいってお手上げでした。話が難しすぎて、一行たりとも書けませんでした（ごめんなさい、スムートさん）。

ともかく、ペンジアス、ウィルソンの観測や、COBEの観測で、宇宙がビッグバンで始まったことはほぼ確実になりました。インフレーション理論とも矛盾がありません。生まれたての宇宙には、ふらふらした、とても小さな「ゆらぎ」があり、これがビッグバンを経て、星や銀河の種となっていったというわけです。

★宇宙論と素粒子物理学の出会い

では、こうした宇宙誕生の話は、第1章でお話しした素粒子の話や力の話、標準理論の話と、どうつながっているんでしょうか。

実は、素粒子の研究と、宇宙の研究は、別々に進んできました。片方は、物質を細かく細かく分けていく研究ですし、もう片方は広大な宇宙を相手にする研究ですから、接点がないように思えるのも当然です。

でも、ビッグバン宇宙論が登場したおかげで、この2つが結びついていることに、物理学者も天文学者も気づきました。宇宙が誕生した直後には、私たちが知っているような物質はまだ存在していません。あるのは素粒子ばかりだったのですから、宇宙の謎解きに素粒子物理学が必要になるのは当然です。

それだけではありません。CERNのように、大型加速器を使った素粒子実験を進めるうちに、加速器の中で作り出される高いエネルギー状態が宇宙初期の様子に似ているということにも気づきました。LHCが「宇宙の始まりのビッグバンを再現する装置」と言われているのは、そのためです（もちろん、ビッグバンそのものが再現されるわけではなく、そのころの様子を知る手がかりになるということです）。LHCで発見されたヒッグス粒子も、宇宙が誕生したてのころに、素粒子に質量を与えるという大きな役割を果たしたと考えられています。

★宇宙の膨張率を決める

こうして、天文学者ハッブルによる宇宙膨張の発見は、ビッグバン宇宙論の確立、観測による証明というふうに、宇宙誕生の謎解きにつながっていきました。それに加えて、宇宙の年齢を割り出すことにもつながりました。おおざっぱにいえば、宇宙の膨張率の逆数が宇宙年齢に相当するからです。

ただし、この宇宙の膨張率や宇宙年齢の決定は、一筋縄ではいきませんでした。「膨張宇宙」対「定常宇宙」に勝るとも劣らない、大論争を引き起こしたのです。

1997年8月、京都の国際会議場で国際天文学連合（IAU）の第23回総会が開かれました。IAUは4年に1回、世界のどこかで開かれる天文学者の大集会です。宇宙を研究している物理学者も入っています。

この年のIAUで私が注目していたのは、女性天文学者のウェンディー・フリードマンさんでした。彼女は、「宇宙年齢論争」に決着をつける役割を担っていた人物だからです。

ここで、「ハッブル定数」と呼ばれる宇宙の膨張率について整理しておきたいと思います。ハッブルの発見は、「遠くにある銀河ほど、速いスピードで遠ざかっている」ということでした。言い換えると、「遠い銀河の後退速度は、銀河の距離に比例する」ということになります。これを式で表わすと、以下のようになります。

〈銀河の後退速度〉＝〈銀河の距離〉×H_0

この「H_0」が、現在の宇宙膨張率を示すハッブル定数です。H_0が大きければ大きいほど、同じ距離にある銀河の後退速度は大きくなります。H_0は、初めからわかっている値ではなくて、観測に基づいて算出する値です。

H_0が大きいということは、銀河の後退速度が大きいということであり、すなわち、宇宙の膨張率が大きいということになります。宇宙の膨張率が大きければ、短い時間で同じだけ膨張することができます。逆に、時間を巻き戻して宇宙を小さな一点に閉じ込めるのにかかる時間も短いということになります。

つまり、H_0の値が大きいほど、宇宙がここまで膨張するのにかかった時間が短い、すなわち、宇宙の年齢が若い、ということになるわけです。H_0の値が小さければ小さいほど、宇宙は年をとっているということになります。

ハッブル自身が宇宙膨張を発見した当時、ハッブル定数は５００キロメートル／秒／Mpcと算出されました（ちょっと複雑な単位ですが、Ｍｐｃ〈メガパーセク〉は天体までの距離を表わす単位です。以下、単位は省略します）。そこから導かれる宇宙の年齢は18億歳程度で、やけに「若い宇宙」を指し示していました。これは、当時考えられていた地球の年齢よりも若く、おかしな話でした。

実は、ハッブルの最初の観測は、銀河の距離の測定を誤っていました。といっても、ハッブルのミスだというのはちょっと酷です。ハッブルが銀河の距離を測るのに使ったセファイド（宇宙の灯台）には、実は2種類あります。当時はそれがわからず、ハッブルは明るい種類のセファイドを使って銀河の距離を算出したのです。これは、近くにあると思っていたセファイドが、本当は遠かったということを意味します。たとえば、ハッブルは、アンドロメダ銀河までの距離を宇宙の灯台であるセファイドを使って、90万光年と割り出していましたが、実は200万光年より遠かったのです。

このことに気づいたのは、ウィルソン山天文台で観測していたドイツ人のヴァルター・バーデでした。

★膨張率の論争

ハッブル定数はバーデの発見によって、250という値に縮まりました。その後も、天体の観測の精度が上がるにつれて、ハッブル定数は小さくなっていき、逆に宇宙年齢は大きくなっていきます。

ハッブルは1953年に心臓発作で死亡しますが、その後を継いだ弟子のサンデージは、ハッブル定数の決定に執念を燃やします。セファイド以外にも発見されたさまざまな距離の測定方法を駆使して、1974年には「ハッブル定数は57」という値を発表しました。

このころ、サンデージとは異なるハッブル定数を唱える天文学者が、複数出てきました。「ハッブル定数は100」と主張する研究者も、「ハッブル定数は80」という値を主張する研究者もいました。80という値を出したのは、フランス・マルセイユ天文台のタリーと、米国立電波天文台のフィッシャーです。2人は天体の距離を精密に測る新しい方法をあみだし、その方法を使って宇宙の膨張率をはじき出したのです。

彼らの名前をとって「タリー－フィッシャー関係」と呼ばれるのは、一言でいえば、「遠くにある渦巻銀河の回転速度は、銀河の本当の明るさに比例する」という関係のことです。渦巻銀河の回転速度はドップラー効果を使って調べられるので、この関係を利用して銀河の本当の明るさをはじき出すのです。

ハッブル定数は、100なのか、50なのか、80なのか。この論争に決着がつかない中、1990年4月にハッブル宇宙望遠鏡が打ち上げられました。宇宙望遠鏡が地上の望遠鏡よりすぐれているのは、大気にじゃまをされずに非常に精度よく観測できるという点です。地球を覆う大気は、私たち生物にとってはなくてはならないものですが、天体を観測する時にはじゃまものです。というのも、天体の光を揺らがせてしまうからです。

このハッブル宇宙望遠鏡が担う重要な観測のひとつが、その名の通り、ハッブル定数の最終決定でした。そして、このプロジェクトを率いたのが、カーネギー研究所のウェンディー・フリードマンだったのです。

★宇宙の膨張率の最終決定

フリードマンさんはカナダのトロント生まれで、科学に関心の高い家庭で育ちました。特に、父親が天文好きだったそうです。大学では、最初に生物物理を専攻しましたが、結局は1984年に天文学で博士号を取得します。そして、女性としては初めて米国カーネギー研究所に終身雇用の研究職を得たのです。カーネギー研究所といえば、宇宙膨張を発見した、あのハッブルが所属していた研究所です。その弟子であるサンデージも所属していた天文学分野の名門研究所です。

1990年にハッブル宇宙望遠鏡が打ち上げられ、フリードマンさんのチームは望遠鏡が担う3つの主要観測計画のひとつとして、ハッブル定数を正確に決めるプロジェクトをまかされました。

話を1997年の京都に戻すと、このころはまだ、ハッブル定数がいくつなのか、論争が続いていました。フリードマンさんのチームは、おとめ座銀河団の中の銀河を観測した結果から、1994年に「ハッブル定数は80」と発表していました。でも、この時はさらにデータが増え、「ハッブル定数は73」と発表しました。一方、別の観測では「ハッブル定数は64」という値を公表した人もいました。

そして、2001年、とうとうハッブル定数が最終的に決まりました。フリードマンさんたちが、72とはじき出したのです。

図18　ウェンディー・フリードマン（1957–　）

「ハッブル定数の決定には、さまざまな困難がありました。その中でも一番大変だったのは、精密に距離を測ることでした」とフリードマンさんは論文の中で述べています。そのために、彼らが主として使ったのは、ハッブルその人が使ったのと同じセファイドでした。地上からの観測では、ある程度以上遠くのセファイドの明るさを正確に求めることができません。ハッブル宇宙望遠鏡は、大気にじゃまされることなく遠くのセファイドを観測できるので、精度が10倍も上がったのです。

さらに彼らは、ひとつの方法だけで測るのではなく、さまざまな方法で測定することによって、誤りを少なくする方法をとりました。セファイドによる測定だけでなく、超新星、タリー－フィッシャー関係などを使いました。

これで、宇宙の膨張率がわかり、半世紀以上にわたる論争に決着がついた、と多くの科学者は胸をなでおろしたはずです。でも、サンデージは自説を曲げませんでした。サンデージは2010年に亡くなっていますが、きっと、天国でも、もっと小さいハッブル定数を主張しているはずです。

★宇宙の年齢を決める

振り返ってみれば、私が科学記者を始めた1980年代の半ばごろ、ハッブル定数は50とも、100ともいわれていて、よくわかりませんでした。ハッブル定数が72と決まった時に、宇宙年齢も、およそ137億年ということで範囲は絞られました。やっと宇宙年齢が決まったと、すっきりしたのを覚えています。

でも、実をいうと、単にハッブル定数を逆算しただけでは、正確な宇宙年齢をはじくことはできません。なぜならハッブル定数が意味しているのは、現在の宇宙の膨張率だからです。実際には、宇宙の膨張率は、遠い昔には今とは違う値だったかもしれません。

宇宙年齢を正確にはじき出すには、ハッブル定数だけでなく、別の数を知る必要があります。宇宙にどれぐらいの物質が含まれるかを示す「物質密度」、宇宙空間の曲がり方を示す「曲率」、そして、アインシュタインが自分の数式に付け加えたりはずしたりしていた「宇宙定数」です。

次々、異なる項目がでてきて、この先どうなるんだろうと思うかもしれませんが、ご心配なく。宇宙の運命を知るためにかじっておいたほうがいいのは、「ハッブル定数」「物質密度」「宇宙の曲率」「宇宙定数」ぐらいです。

この中で、「ハッブル定数」はすでにお話ししたとおり、現在の宇宙の膨張率です。そして、この定数は「宇宙年齢」と深くかかわっています。

「物質密度」は、宇宙にどれぐらいの物質があるかを示す値で、おおざっぱにいえば「宇宙の重さ」です。宇宙の中に物質がたくさんあれば、重力が膨張に強いブレーキをかけるので、やがて膨張は止まり、宇宙は収縮に転じるでしょう。物質の量が少なければ、重力がかけるブレーキは弱いので、膨張が止まるまでにはいたらないでしょう。

「宇宙定数」は、アインシュタインが宇宙を静止させようとして自分の方程式に付け加えた項目で、その性質は重力に逆らって宇宙を押し広げようとする力です。もとはと言えば、つじつま合わせにつけ加えただけですが、その正体は「真空が持つエネルギー」だと考えられています（量子力学では、真空はからっぽではなくて、エネルギーを持つと考えます）。

もっともわかりにくいのは、「宇宙の曲率」かもしれません。宇宙の「平坦性問題」のところで触れたように、これは、空間の曲がり方のことです。「宇宙の形」と言い換えることもできます。宇宙はプラスに曲がっているか、マイナスに曲がっているか、平らかのいずれかとなります。

話をややこしくしているのは、こうした数値が、互いに関係しあって、宇宙の運命を決めていることでしょう。宇宙の形と重さ、それに宇宙定数は、宇宙の運命と密接に関係しあっているのです。

「宇宙定数」がゼロだとすると、宇宙の運命を決めるのは「物質密度」で、これが一定の値より大きいと膨張している宇宙はやがて収縮に転じます。そして、宇宙の年齢はハッブル定数から単純に逆算したよりも若くなります。「物質密度」が小さいと、宇宙の年齢はハッブル定数の逆算より大きく、宇宙は永遠に膨張を続けます。

でも、「宇宙定数」がゼロでないと、宇宙が膨張するにつれて物質の密度が薄まっていき、あるところで宇宙定数が勝って、宇宙は加速的に膨張します。とすると、宇宙の年齢はいくらでも大きくできそうな気がします。

ああ、本当にややこしい。

でも、放り出す前に少しお待ちを。こうしたややこしさを解き明かそうとする中から浮かび上がってきたのは、あっと驚く宇宙の姿だったのです。

★超新星プロジェクト

1997年に京都で開かれた国際天文学連合では、ハッブル定数の決定だけでなく、宇宙の膨張が減速しているのか、加速しているのか、それとも一定なのかも話題になりました。

この問題に決着をつけようとしていたのが、米ローレンスバークレー国立研究所のソール・パールムターのチームとハーバード大学のブライアン・シュミットのチームです。彼らが考えた方法は、遠くの超新星を利用する、というものでした。

超新星とはなんでしょうか。名前だけ聞くと、新しくて若い星のように聞こえますが、実はさかさまです。超新星は、太陽のような恒星が進化の果てに大爆発を起こした星の最後の姿です。爆発によって非常に明るく輝くので、それまで何も見えなかった空の位置に、新しい星が出現したように見えます。

非常に明るく輝くため、とても遠くにあっても観測することができます。これを利用して、宇宙の膨張が、過去と現在でどう変わっているのかを確かめようとしたのが、パールムターらの「超新星宇宙論プロジェクト」でした。

パールムターが計画を開始したのは1988年でしたが、なかなか結論はでませんでした。そこへ、シュミット率いる「高赤方偏移超新星探査チーム」が、追い上げにかかりました。同じ方法を用いて、宇宙の膨張の歴史を探ろうとしたのです。

1998年、2つのチームは同着で、思いがけない宇宙の姿を明らかにしました。「私たちのこの宇宙の膨張は、減速しているのではなくて、加速している」と結果づけたのです。これが意味することは何でしょうか。どうやら、宇宙にはアインシュタインの「宇宙定数」に相当する、未知の「暗黒エネルギー」が存在するらしいのです。

★普通の物質は宇宙の4％

さらに、ハッブル定数が決まった直後の2001年6月、NASAが「WMAP（ダブリューマップと呼びます）」という名の衛星を打ち上げました。WMAPはCOBEの後継機で、宇宙背景放射のゆらぎをさらに精密に測定するのが使命でした。もともとは、「MAP」という名前だったのですが、宇宙背景放射の測定に力を注いだ天文学者ウィルキンソンさんが衛星を打ち上げた後に亡くなったため、名前の頭文字Wを付け加えて、敬意を表しています。

そして、このWMAPは、宇宙の成り立ちと運命を決定付けるとても重要な成果を挙げたのです。それまで、さまざまな方法を使ってはじき出されてきた宇宙の膨張率や宇宙の物質密度、宇宙の年齢などを、一気に、まとめて、とても正確に決定することに成功したのです。この成果には、現在、ドイツのマックスプランク天体物理学研究所所長の小松英一郎さんが大きな貢献をしています。

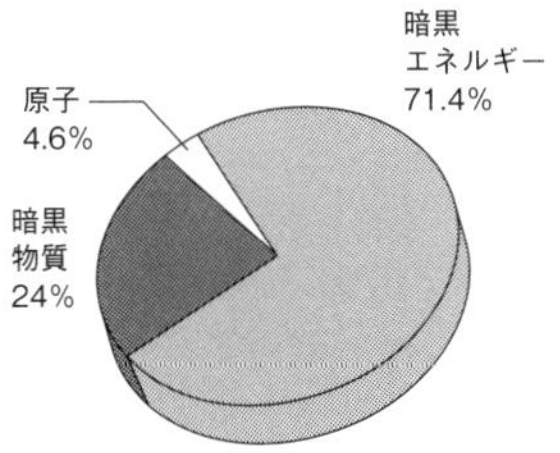

図19　宇宙の組成（参照：WMAP Science Team）

WMAPが明らかにした宇宙は、137億歳で、「曲率がゼロ」。つまり、曲がりのない平らな宇宙でした。さらに、驚いたのは、宇宙の4分の3が私たちの知らない「暗黒エネルギー」で、4分の1が私たちの知らない「暗黒物質」で満たされていることを明らかにしたことでした。私たちの知っている「普通の物質」はこの宇宙の4％に過ぎないというのです（図19）（2013年3月末に公表された欧州の「プランク」衛星の最新データでは、宇宙年齢は138億年、「物質」が4・9％となっています）。

宇宙の96％までが、私たちの慣れ親しんだ物質とは、まったく違うものでできているとは。第1章で、あんなに一生懸命、この世を構成している物質と素粒子についてお話ししてきたのに、それがこの宇宙のたった4％の話に過ぎなかったとは。いったい、どういうことなんでしょうか。

第3章　見えない暗黒物質

★ヴェラ・ルービンの発見

1960年代の終わりの晴れた日の夜、アメリカの女性天文学者、ヴェラ・ルービンはアリゾナ州の天文台で首をひねっていました。同僚のケント・フォードといっしょに観測していたのは美しい渦巻型で知られるアンドロメダ銀河です。肉眼で見ると、ぼうっと雲のように見えるので、昔は「アンドロメダ星雲」と呼ばれていました。その後、私たちの銀河系と同じように、たくさんの星が集まってできていることがわかり、「銀河」と呼ばれるようになった天体です。

1929年生まれのルービンは、この時、30代の終わり。すでに、4人の子どもを持つ母親でしたが、同時に、銀河の観測では名の知れた研究者の一人でもありました。でも、研究者同士の競争の激しさに嫌気がさし、他の人があまり目を向けない地味な観測を手掛けようと考えました。それが、アンドロメダ銀河の中にある星やガスの回転速度を測るということでした。

図20　ヴェラ・ルービン（1928−）

アンドロメダ銀河は地球からの距離が約２５０万光年。光の速さで旅しても２５０万年かかると聞くと、とても遠いように思いますが、私たちの銀河系から最も近いところにある銀河のひとつです。渦巻き型をしていることからもわかるように、星々も、星々の間にあるガスも、銀河の真ん中を中心としてその周りを回転していることが知られていました。

ルービンが頭をひねっていたのは、星やガスの中心からの距離と回転速度の関係でした。私たちの太陽系では、地球や火星、木星など惑星の公転速度は太陽から遠ざかるにつれて遅くなります。太陽に一番近い水星は88日間で太陽の周りを一周しているのに、地球は３６５日、その外側の火星は６８７日、冥王星に至っては２４７年（９０４７８日）以上かけて一周している、といった具合です（そういえば、冥王星は「惑星」ではなくなってしまいましたが、太陽のまわりを回っている点では同じです）。

これは、16世紀のドイツの天文学者ケプラーが発見した惑星の運動に関する法則のひとつです。太陽から離れるほど星の回転が遅くなるのは、太陽の質量が非常に大きいからです。この大きな重力に引っ張られて、太陽に近づくほど公転速度が速くなるのです（図21）。

なぜそうなるかをイメージするのによく引き合いに出されるのは、フィギュアスケートの回転です。手を広げて回転している時よりも、手を縮めた時の方が回転のスピードが速くなる様子を見たことがあると思います。体が太陽、広げた手の先が太陽から遠い惑星、縮めた手の先が太陽に近い惑星と考えると、ピンとくるはずです。

紐《ひも》の先につけたボールを振り回すことをイメージするのもいいかもしれません。紐を手繰《たぐ》って短くしていくと、ボールの回転はどんどん速くなるはずです。もし、引っ張る力が足りなかったら（たとえば紐が切れてしまったら）、ボールはどこかに飛んで行ってしまいます。ボールを惑星、紐がボールを引っ張っている力を太陽が惑星を引っ張っている重力だと考えてみてください。

ルービンは、回転する渦巻き銀河も、太陽系と同じように振る舞うはずだと思っていました。

星々が集中しているのは銀河の中心。太陽系の質量のほとんどが太陽に集中しているのと同じように、銀河の

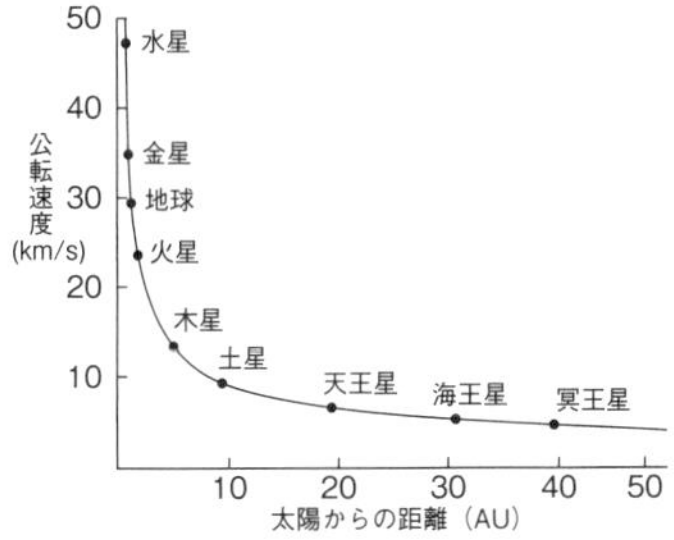

図21　太陽系惑星の公転速度

質量のほとんど（銀河の重力のほとんど）が銀河中心に集中しているはず。中心部から遠ざかるにつれて、星の数はまばらになる。だから星を引っ張る重力が小さくなって、回転の速度が遅くなるはず。

つまり、銀河の外側ほど回転速度が遅くなると考えたのです。

ところが、観測は予想を裏切りました。

横軸に銀河中心からの距離を、縦軸に回転速度をプロットしていくと、あるところからグラフは水平の線を描くようになったのです。つまり、中心から離れていっても、星の回転速度は遅くならなかったのです（図22）。

いったい、なぜ、星の回転は減速しないのか。アンドロメダ銀河は、太陽系と何が違うのでしょうか。

この観測結果から考えられるのは、銀河の中心部に質量が集中しているのではなくて、「星がまばらに見える銀河の周辺にも同じように質量が存在している」ということでしょう。速い速度で回転する星がどこかに飛んでいってしまわないのは、この銀河周辺部の重力によって星が引っ張られているため、と考えるしかありません。

でも、いったい、どこにそんな物質があるのでしょう。

ルービンは、仮にそんな物質があるとして、どれぐらいあれば星々の回転速度が説明できるか、計算してみました。すると、目に見える星と同じどころか、何倍もの質量があるという答えが出たのです。

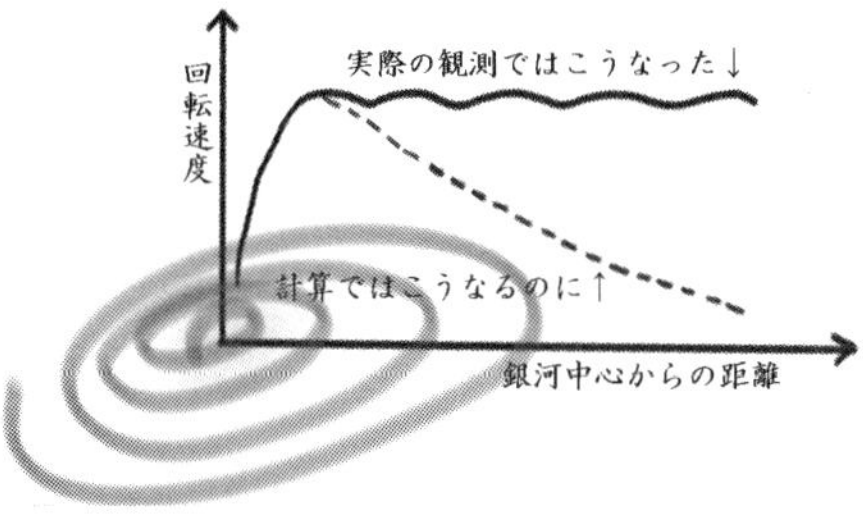

図22　銀河の中心から離れても回転速度が遅くならないのは、暗黒物質があるため

これが、「宇宙の見えない物質」、今でいうところの「暗黒物質」の発見でした。

★不足する銀河の質量

実は、この宇宙に大量の見えない物質があるのではないかと気づいたのは、ルービンが最初ではありませんでした。最初に気づいたのはスイス生まれの米国の天文学者、フリッツ・ツビッキーです。

1933年、ツビッキーは地球から3億年以上離れたかみの毛座銀河団を観測していました。銀河団というのは、たくさんの銀河が寄り集まっているところで、かみの毛座銀河団の場合は3000個もの銀河で構成されています。

図23　フリッツ・ツビッキー（1898－1974）は変人だったらしい

まず、ツビッキーは、銀河の運動を測定し、そこから銀河団全体の質量を計算しました。それぞれの銀河は、ほかの銀河の重力に引っ張られて動いているので、銀河の運動から重力がわかり、そこから銀河の質量を求めることができます。

それとは別に、星の明るさから銀河団の中にある星の質量を推定し、これを足し合わせて銀河団の質量を算出しました。

すると、驚いたことに、両者の値はまったく違っていたのです。銀河の速度から計算した質量の方が、星の明るさから計算した質量に比べ、10倍も大きかったのです。そうだとすれば、目に見える星の質量だけでは、運動する銀河をつなぎとめてはいられないはずです。

そこでツビッキーは、銀河団の中に目に見えない（つまり、明るく光っていない）大量の物質があって、その重力が銀河が飛び散らないようにつなぎとめているのだ、と結論付けました。そして、この「見えない物質」を「ミッシングマス（隠れた質量）」とか「ダークマター（暗黒物質）」とか呼んだのです。

でも、ツビッキーの提案は、他の天文学者に受け入れられることなく、宙に浮いたまま時が過ぎていきました。それというのも、ツビッキーはかなりの変わり者だったからです。人に罵詈《ばり》雑言《ぞうごん》を浴びせる癖があって、仲間の天文学者のことを、いつも「球状のろくでなし」と呼んでいたという逸話が伝わっています（なんで球状なのかというと、どの方向から見てもろくでなしだからと答えたとか）。

それにしても、ビッグバン理論のガモフといい、定常宇宙論のホイルといい、この世界には変わり者がたくさんいるようです。そういえば、ガモフは、ルービンの指導教官であり、友人でもありました。

★変わり者ツビッキーのさまざまな予言

みんなが、「暗黒物質」の存在を信じるようになったのは、ルービンの観測がきっかけでした。こうしてみると、科学者の観測や理論が人々に受け入れられるかどうかは、その中身が真実かどうかだけではないことがわかります。その人がどんな人物かにもよる、ということになります。

それどころか、科学の世界では、ツビッキーほどの変わりものでなくでも、すぐには信じてもらえないケースがたくさんあります。ノーベル賞を受賞した科学者たちが、「はじめは誰も信じてくれなかった」と言うのを、何回も聞いたことがあります。

それにしても、ツビッキーの場合は極端だったかもしれません。それというのも、ツビッキーのすぐれた業績は、ほかにもたくさんあったからです。

たとえば、銀河による「重力レンズ効果」という考え方がそうです。質量の大きな銀河や銀河団が、私達と遠くの銀河の間に横たわっているとしましょう。アインシュタインの一般相対性理論によれば、大きな質量があると、その周りの空間がゆがみます。遠い銀河からやってくる光もゆがめられます。

あたかも光がレンズによって曲げられるように、遠い銀河からやってくる光が手前の銀河の重力によって曲げられ、銀河の像がゆがむはずだと考えたのです。

ツビッキーがこの考えを思いついたのは、1937年でした。今にして思えば先見の明があったわけですが、当時、この提案をまじめに考える科学者はほとんどいませんでした。これも、ツビッキーが変人だったことに関係しているのかもしれません。

銀河による重力レンズ効果が実際に観測されたのは、ツビッキーの提案から40年以上たった1979年のこと。残念ながらツビッキーは、その5年前にこの世を去っていました。

超新星や中性子星の存在もツビッキーは言い当てていました。1933年に研究仲間のバーデとともに「質量の大きな星は一生の最後に大爆発を起こす。後には中性子でできた星が残る」と提案し、この大爆発を「超新星」と呼んだのです。

今では、超新星も、中性子星も、みんなよく知っていますが、当時はなかなか受け入れられなかったようです。バーデとツビッキーは、超新星が非常に遠い星までの距離を測るものさしになるということも提案していました。その提案通り、今では超新星は、宇宙のはるか彼方までの距離を測る「宇宙の標準光源」となっています。

★暗黒物質は銀河系にも満ちる

ルービンがアンドロメダ銀河の観測から暗黒物質の存在に気づいた後、ほかの銀河でも同じ現象が起きているかどうか、観測が続けられました。その結果、暗黒物質はほかの渦巻き銀河にも、さらには楕円《だえん》銀河にも、銀河団にも、存在することがわかりました。ルービンらの計算によれば、銀河の暗黒物質は、見える星やガスの10倍にものぼりました。

私たちの銀河系も同じです。私たちは銀河系の中にいるので、その形を外側からながめることはできませんが、上から見るとアンドロメダ銀河のように美しい渦巻き型をしていることがわかっています。

中に含まれる太陽のような星（恒星）は、約２０００億個。渦巻き円盤の差し渡しは約10万光年。われらが太陽は、中心から約２６１００光年のところに位置しています（図24）。

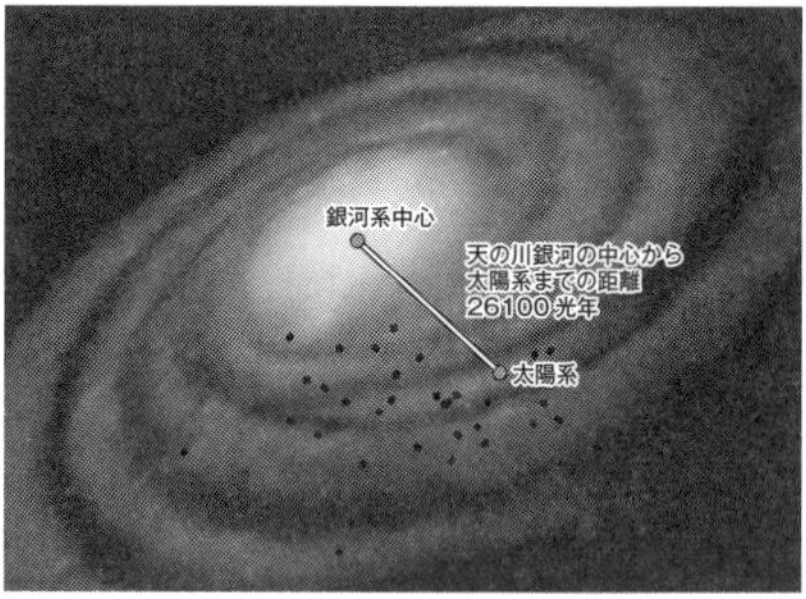

図24　太陽系は銀河系の中心から2万6100光年のところに位置している　©国立天文台

太陽系は、秒速２４０キロぐらいの高速で銀河中心の回りを回転しています。もし、ケプラーの法則がそのままあてはまるなら、銀河系の外側にいけばいくほど、星の回転は遅くなっていくはずですが、そうはなっていません。

銀河系の外縁部、もうほとんど星などない領域までいっても回転の速度は落ちません。やっぱり、星と星の間に暗黒物質が満ちているのです。

★宇宙の大規模構造

こうして、暗黒物質の存在は確かなものになっていきましたが、その正体が何なのかは一向にわかりませんでした。

そして、ルービンが暗黒物質の存在をはっきりさせてから20年が過ぎた1986年、もう一人の女性天文学者が重要な発見をしました。「宇宙の大規模構造」と呼ばれる銀河や銀河団の連なりを、宇宙の地図を描いて明らかにしたのです。

広大な宇宙に銀河や銀河団はどのように広がっているのか。どこでも同じように広がっているように思われてきましたが、実は違いました。まるで巨大なクモの巣をはりめぐらせたように、銀河や銀河団が連なっている場所と、そうでない場所があることがわかったのです。

この発見をしたのは、ハーバード大学のマーガレット・ゲラーと同僚のジョン・ハクラです。ゲラーは1947年にニューヨーク州のイサカで生まれ、プリンストン大学で物理学の博士号を取得しています。

プリンストン大学が女性に物理学博士号を授与したのは彼女が2人目だそうですから、まさにパイオニア。ハーバード大の助教授などを経て、ハーバード・スミソニアン天体物理学センターで研究を続けるゲラーがめざしていたのは、「目に見える宇宙の地図作りをすること」でした。自分では、「ひかえめな目標ですが」と語っています。

ゲラーが宇宙の研究を始めた1970年代、宇宙の地図は非常におおざっぱなものでした。

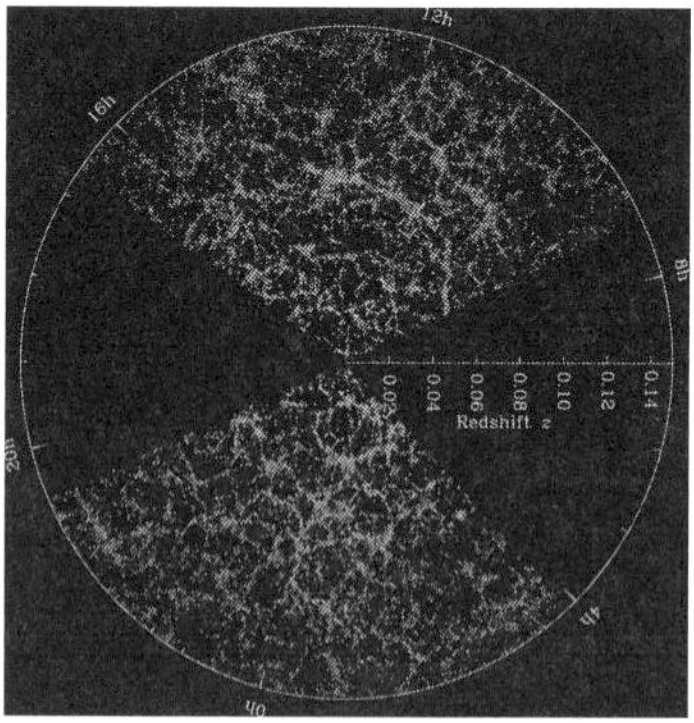

図25　ゲラー以降に、宇宙の地図を作る「SDSSプロジェクト」が描き出した宇宙の大規模構造。銀河が泡のように連なって分布している　© M. Blanton and the Sloan Digital Sky Survey.

私たちの銀河系のような銀河が1000個も集まって群れを成している場合があること、そうした銀河の群れがさらに広い範囲につらなっている場合があることはわかっていましたが、それ以上は闇の中でした。

　こうした銀河団のつらなりを超える大きな構造が宇宙にあるのではないか。そんな疑問が浮上したのは1981年、ハーバード大のボブ・カーシュナーのチームが、うしかい座の方向に、銀河がほとんど見られない「空白領域」があることに気づいた時のことでした。その差し渡しは2億光年に及びました。

　ゲラーとハクラは、この発見に興味を抱き、詳しく調べてみようということになったのです。当時、ゲラーは「そんな空白領域は、あっても稀《まれ》で、観測にはひっかかってこないのではないか」と思っていました。ところが、宇宙の立体的な地図を作り、その最初の断面を見た時に、驚くべき構造が浮かびあがったのです。

銀河は決してランダムに存在しているのではありませんでした。まるでクモの巣か、ハチの巣のように銀河が連なり、その中は銀河のない「空洞」だったのです。「泡立てた石鹸《せっけん》みたい」というのがゲラーの言葉でした。

さらに、ゲラーのチームは観測を進め、宇宙の立体的な地図作りを進めていきました。1989年には、長さ6億光年、幅2億5000万光年、厚さが3000万光年に及ぶ銀河の連なりを発見し、万里の長城にちなんで「グレートウォール」と名付けています。

★暗黒物質と大規模構造

図26　マーガレット・ゲラー（1947- ）

ゲラーたちの発見は、当時、そのまま暗黒物質の正体探しに迫るものではありませんでした。でも、暗黒物質と大規模構造が、切っても切れない関係にあることは、このころすでに理論的に予測されていました。

1985年に米国のバークレーにいた若手の天文学者4人組がコンピュータでシミュレーションしてみたところ、「宇宙に銀河の連なりを生み出すためには暗黒物質が必要だ」という結果が出ていたのです。

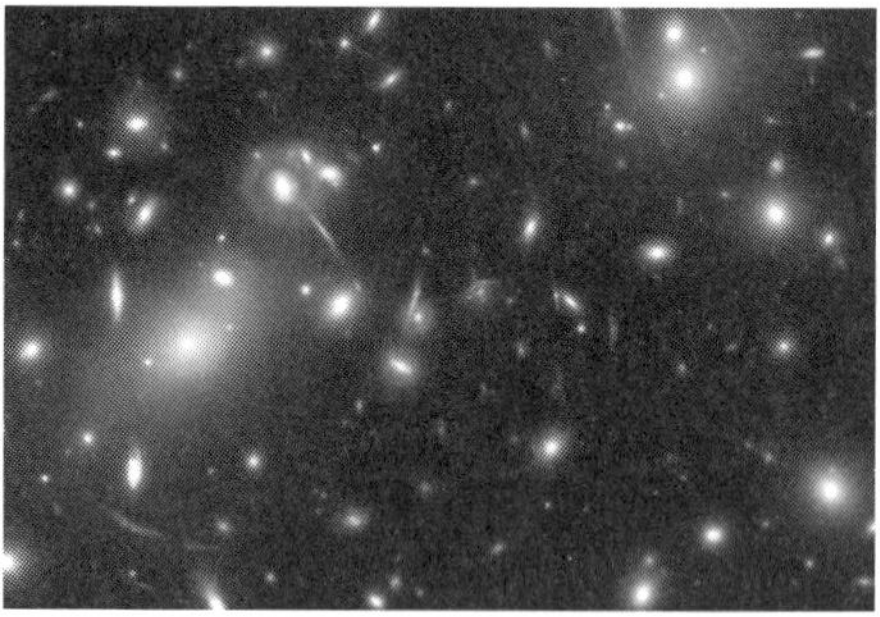

図27　エイベル2218銀河団　ⒸNASA, ESA, Richard Ellis (Caltech) and Jean-Paul Kneib (Observatoire Midi-Pyrenees, France)

宇宙の大規模構造と暗黒物質が分かちがたく結びついていることは、観測技術が進むにつれて、次々と明らかになってきています。

たとえば、ＮＡＳＡのハッブル宇宙望遠鏡が捕らえた「エイベル２２１８銀河団」の不思議な画像があります（図27）。この銀河団は、地球からの距離が21億光年、りゅう座の方向にあります。たくさんの銀河が写っている美しい画像なのですが、何かでこすって傷をつけたように細い線がいくつも入っています。

これは、もちろん、ＮＡＳＡが消しそこなった傷ではありません。これこそ、この銀河団にたくさんの暗黒物質が含まれていることを表わしているというのです。

ここで、思い出してもらいたいのは、「重力レンズ」です。アインシュタインの一般相対性理論から導かれる重力の効果であり、あの変わり者のツビッキーが思いついた現象です。非常に大きな質量があると、その周りの空間がゆがむ。その結果、もっと遠くの天体からやってくる光もゆがむ。結果的に、天体の像がゆがんだり、二重になったりして見える。それが「重力レンズ」の効果でした（図28）。

　ハッブル宇宙望遠鏡が映し出した画像に見える傷のような線も、この「エイベル２２１８銀河団」の向こうにある銀河の像が、銀河団の中にある暗黒物質の重力レンズ効果によって変化し、傷のように見えていると考えられるのです。

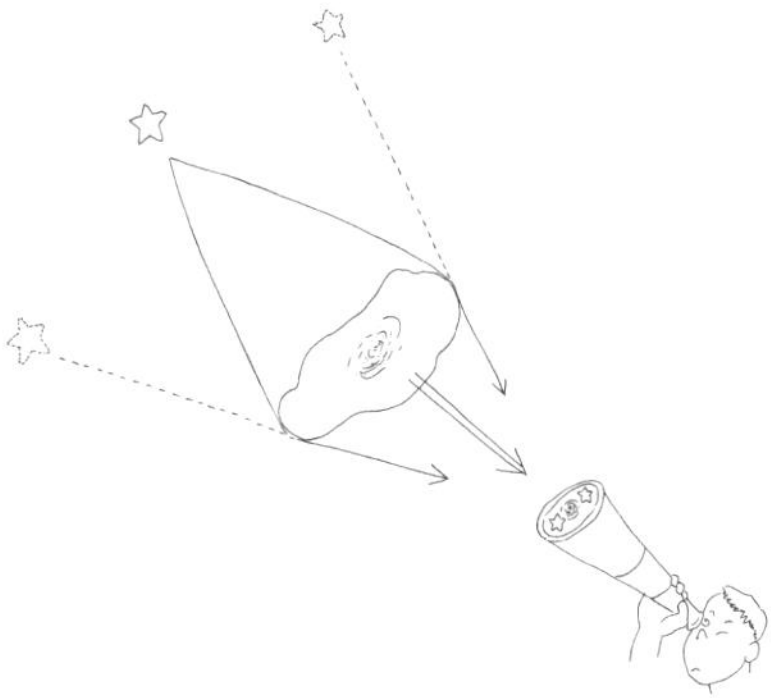

図28　重力レンズの仕組み

　ハッブル宇宙望遠鏡は、これ以外にも暗黒物質の「観測」結果をいろいろ公表しています。

　銀河団同士がぶつかる現場で暗黒物質を捕える試みもあります。２００６年には38億光年先で銀河団同士が衝突する現場（「弾丸銀河団」）で、重力レンズ効果を利用して暗黒物質の分布を描き出し、エックス線でとらえた高温ガスの分布と重ねてみました（高温ガスは、普通の「見える物質」です）。

　すると、銀河の中の熱いガスはぶつかりあった時の摩擦で高温になり中心付近にとどまっているのに、暗黒物質はすれ違ったまま離れていく様子が浮かびました。これは、暗黒物質がほかのものと関わり合いを持ちにくいものであることを示しています。

★すばる望遠鏡も暗黒物質探し

日本も負けてはいられません。大型望遠鏡「すばる」を使って暗黒物質の観測に一役買おうとしています。すばる望遠鏡があるのは、ハワイ島のマウナケア山の山頂です。高度は4000メートルですから富士山の頂上より上。私も、「すばる望遠鏡」が初めて画像を公開した1999年1月末に訪問しましたが、空気が薄くて、急いで動くと頭がくらくらするような環境です。うっかりすると、高山病にかかりかねません。

でも、この空気の薄さが天体観測にはもってこいなのです。なぜなら、空気（大気）は天体からの光を揺らがせ、ピンボケにしてしまう邪魔者だからです。

このため、マウナケア山には、日本のすばる望遠鏡だけでなく、各国の大型望遠鏡が林立しています。それぞれ形や大きさが違う望遠鏡が立ち並んでいる様子は、なかなか美しい風景です（図29）。

2007年、すばる望遠鏡はハッブル望遠鏡と協力しあって、暗黒物質の立体的な分布を描き出すことに成功しました。暗黒物質と宇宙の大規模構造がどのように関連して進化してきたかを調べる「COSMOS（宇宙進化サーベイ）」プロジェクトの一環です（図30）。

ハッブル望遠鏡は1000時間をかけて50万個の銀河を非常に精度よく撮影し、すばる望遠鏡は銀河までの距離を測定しました。すばる望遠鏡が使ったのは、「シュープリム・カム〈主焦点カメラ〉」と呼ばれるとても広い視野を持った撮影装置です。これをあわせて、暗黒物質の空間分布を明らかにしたのです。

さらに、これを銀河の立体的な分布と重ね合わせてみると、暗黒物質の中に銀河が存在する様子が浮かびあがりました。「暗黒物質が大規模構造を作り、その中で銀河が作られ、進化してきた」というシナリオが検証されたことになります。

図29　すばる望遠鏡のあるマウケナア山頂　©国立天文台

すばる望遠鏡単独でも暗黒物質の観測は行われています。国立天文台や東京大学の研究チームは2010年4月、すばる望遠鏡で撮影した30億光年彼方の20個の銀河団の画像を解析し、重力レンズ効果を利用して暗黒物質の分布を示しました。分析の結果、暗黒物質は銀河団の中に球状に分布しているのではなく、楕円状にゆがんだ分布をしていることがわかりました。この分布は、暗黒物質の性質を表わしていると考えられています。

どんな性質かというと、「冷たい暗黒物質」です。といっても、ここでいう、「冷たい」「熱い」が意味しているのは、普通の温度のことではありません。これは、暗黒物質の正体ともかかわる話なので、もう少しあとで説明することにします。

★暗黒物質のシミュレーション

暗黒物質の存在は、重力レンズを利用した実際の観測で裏付けられているだけではありません。コンピュータを使ったシミュレーションでも、証拠が挙がっています。

たとえば、暗黒物質がある場合と、ない場合で、宇宙のでき方がどのように異なるかを計算すると、暗黒物質が「ある」場合には、時がたつにつれて実際に銀河や銀河団の連なりができていくのに、暗黒物質が「ない」と仮定すると、のっぺらぼうの宇宙しかできないという結果を、複数の研究者が示しています。

暗黒物質がなければ、星も銀河も、そして私たち自身も、この宇宙に誕生しなかったということが、ここからもわかります。

また、宇宙論が専門の東大教授、須藤靖さんのチームは、銀河や銀河団にある暗黒物質が球形ではなく、ゆがんでいることを2002年に計算で明らかにしています。これはその後の、国立天文台などのチームによるすばる望遠鏡を使った実際の観測とも一致しています。

理論を基にした計算と観測が一致したということは、理論が正しいことが確かめられたということにもなります。シミュレーションは単なる計算ではなく、理論の正しさを確かめる手段でもあるのです。

2012年2月には、東大と名古屋大学のチームが、暗黒物質の分布をとても精度の高いシミュレーションで描きだしました。その結果、暗黒物質は、星など光を出す通常の物質の分布を超えて、宇宙の全体に拡がっていると分かりました。

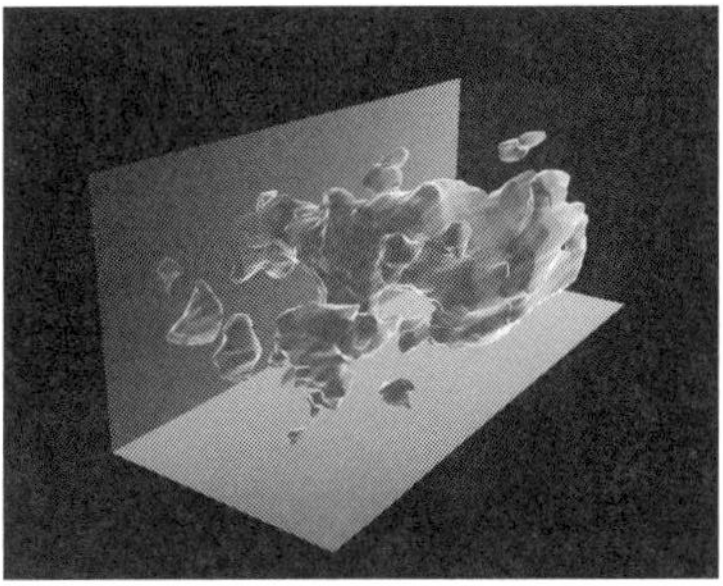
図30　コスモス・プロジェクトで得られた暗黒物質の空間分布。右奥までの距離は約80億年 ⓒ STScl, Ray Villard

★暗黒物質の正体

それにしても、こうして存在が確実になった暗黒物質の正体は、いったいなんなのでしょうか。これまでに、さまざまな説が提唱されてきましたが、いずれも「ビンゴ！」というわけにはいきませんでした。

例えば、もっとも穏当な考え方として提案されたのは、暗い星や天体です。光で見えないからといって、星がないとは限りません。見えないほど暗い星がたくさんあって、重力を生み出しているのかもしれません。

そう考えた研究チームが、候補にあげたのが「MACHO」です。これは、「大質量の小さなハロー天体」を意味する英語の頭文字をとったもので、そのまま読めば「マッチョ」。そう、筋肉もりもりのマッチョな男性という時のマッチョです。これとは別に、後で紹介する暗黒物質の候補に「WIMP（弱虫）」があります。海外の科学者は、けっこうジョーク好きなので、頭文字がマッチョになるように工夫したのだと思います。

また、ハロー（halo）は日本語でいえば「光背」とか「後光」。仏像の背中やキリスト教の聖人の頭の後ろにある装飾ですが、天文学でハローといったら、銀河をすっぽりと覆う球状の構造のことをいいます。ここに、目に見えない、質量の大きな天体があるのではないかと考えたのです（図31）。

MACHOの候補は、ブラックホールや、褐色矮星《わいせい》、白色矮星、中性子星などの天体です。

ブラックホールは聞いたことがあるはずですが、褐色矮星や白色矮星、中性子星などは聞きなれない天体かもしれません。でも、これらには共通項があります。恒星が長い一生を終えた後に残す暗い天体、という点です。

太陽のような恒星は、核融合という反応を起こして明るく輝いていますが、やがて最後を迎えます。最後にどんな現象が起きるかは、恒星の質量によって違います。

太陽の質量の30倍以上だと、超新星爆発を起こして、その後にブラックホールが残ります。

太陽の8～30倍の恒星の場合は、超新星爆発の後に中性子星が残ります。太陽の8倍以下の場合は爆発は起こさず、白色矮星と呼ばれる天体が残り、だんだん冷えて暗くなっていきます。天体の質量がもっと小さく、太陽の8％を下回ると、自分で光り輝くことができず、そのまま冷えて行って褐色矮星になります。

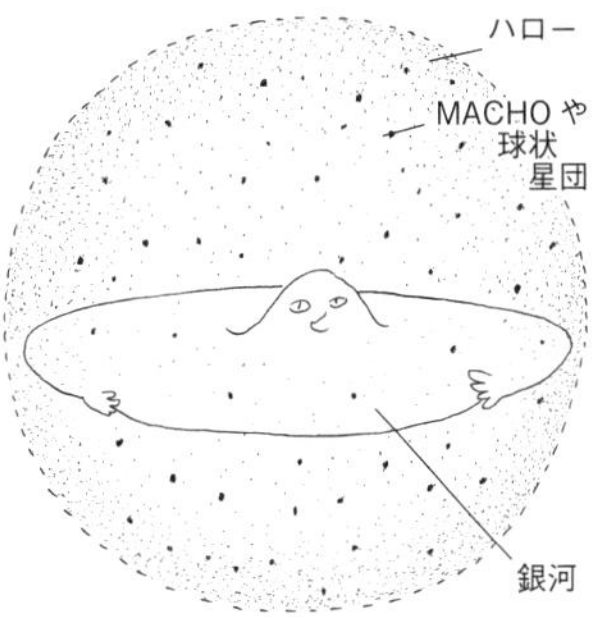

図31　銀河の「ハロー」には暗くて見えない天体も存在する

★マッチョ探し

見えないMACHOを観測するにはどうしたらいいのか。

そのアイデアを考え出したのは、ポーランド出身で米国のプリンストン大学教授だった天文学者パチンスキーでした。これまでにも登場したアインシュタインの「重力レンズ効果」を利用しようというのです。

重力レンズ効果は「遠くにある天体の見え方を変える」という話をしてきましたが、詳しくいうと3種類の効果があります。

まず、向こうにある一つの天体が複数あるように見える「強い重力レンズ」。

次に、向こうにある天体がゆがんで見える「弱い重力レンズ」。

そして、向こうにある天体の明るさが増光して見える「マイクロレンズ」です。

パチンスキーが考えた方法は、「マイクロレンズ効果」に注目し、銀河系のお隣にある大マゼラン星雲の星を観測してみる、というものでした。

もし、私たちの銀河系の周り（ハロー）にMACHOがあるとすると、地球と大マゼラン星雲の星の間を通過することがあるはずです。その時に、MACHOの重力によるマイクロレンズ効果で、マゼラン大星雲の星が一時の間だけ増光する様子を捕えるのです。

この方法を使って、1990年代に各国のチームがMACHO探しにしのぎを削りました。熱心だったのは、アメリカ・オーストラリアの共同チームと、フランスのチームです。両者はあわせて20個以上のMACHO候補を見つけました。

でも、最終的にわかったことは、「MACHOだけでは足りない」ということでした。MACHOは確かに存在します。でも、それを全部足し合わせても、私たちの銀河系にあるはずの暗黒物質全体の重力を生み出すには到底及ばなかったのです。

MACHO探しは静かにフェードアウトしていきました（但し、とても暗い天体を探す試みは、私たちの太陽系とは別の惑星系を探すために使われるようになり、大成功をおさめています）。

★ニュートリノ

ニュートリノが暗黒物質の候補として浮上していた時期もあります。ひとつの理由は、「なかなか捕まえにくい」という点で、似ていたからです。

ニュートリノが捕まえにくいのは、専門的な言葉で言えば、「ほかの物質と相互作用しにくいため」ということになります。別の言葉でいえば、「何でもすり抜ける」ということになります。

暗黒物質の正体が皆目わからないのは、ほかの物質とほとんど相互作用しないからです。ニュートリノも同じで、ここに「カミオカンデ」や「スーパーカミオカンデ」の秘密があります。めったにほかの物質にぶつかることのないニュートリノですが、そうはいっても、ほんのたまにはぶつかることがあります。そのチャンスを見逃さないために、大量の水を地下にためて、ニュートリノが水の原子や電子とぶつかった現場を捕まえる。その戦略が功を奏したのがカミオカンデやスーパーカミオカンデでした。

実は、ニュートリノはかつては、「質量がない」と考えられていました。でも、スーパーカミオカンデの観測で、わずかながら質量があることがわかりました。物理学にとって非常に重要なこの成果を挙げたのは、東京大学宇宙線研究所の戸塚洋二さん（残念ながら2008年に亡くなっています）、梶田隆章さんらのチームです。

ここでちょっとおさらいをしておくと、ニュートリノには「電子ニュートリノ」「ミューニュートリノ」「タウニュートリノ」の3種類があります。また、宇宙から降り注ぐ宇宙線が大気と反応するとニュートリノができることもわかっています（これを「大気ニュートリノ」と呼びます）。

梶田さんのチームは、スーパーカミオカンデを使って大気ニュートリノを観測し、3種類のニュートリノのうちミューニュートリノの数が予想よりも少なくなっていることを発見しました。さらに、大気の方から地表へ下向きにやってくるミューニュートリノに比べて、地面の下から上向きにやってくるミューニュートリノの方が少ないことも発見しました。

両者の違いはニュートリノの飛距離です。上からくるニュートリノは大気中で誕生してから10〜20キロの距離を飛んでスーパーカミオカンデに飛び込んできます。一方、地面の方からくるニュートリノは地球の裏側からやってくるので、もっとずっと長い距離を飛んできています。

このことから、ミューニュートリノが長い距離を飛んでいる間にタウニュートリノに変化したと考えるとうまく説明できることがわかったのです。これが、「ニュートリノ振動」と呼ばれる現象です。この現象が意味することが、ニュートリノには質量がある、ということだったのです。

その後、他のニュートリノも飛行中に変身することが確認され、ニュートリノには質量があることが確実となりました。

とすると、ニュートリノが暗黒物質の正体かもしれない、というのは誰しも考えることでしょう。

でも、この考えも肩透かしに終わりました。ニュートリノの質量をきちんと確かめてみると、あまりに小さくて、宇宙全体で足し合わせても暗黒物質の量には足りなかったのです。

★有力候補は「弱虫」

こうして、暗黒物質の候補は、どんどん除外されていってしまいました。でも、諦めるのは早すぎます。まだ残っている有力候補があるからです。

今、もっとも注目されている候補は「WIMP（ウィンプ）」です。WIMPは英語で「弱虫」。そう、筋肉隆々なMACHO（マッチョ）に対抗する名前です。実は、WIMPはMACHOが取り沙汰される前から暗黒物質の候補と考えられていたもので、「弱い相互作用をする重い粒子」という英語の頭文字をとったものです。なんとなく、粒子が「重い」と、いろいろなものにぶつかりやすく、相互作用が大きいような気がしますが、素粒子の世界では違うようです。

ウィンプは、現時点で、「暗黒物質は、どんな特徴を持っていなくてはならないか」という条件を満たしていると考えられています。どんな条件でしょうか。

まず、MACHOが暗黒物質でないということがわかった時点で、「普通の物質でない素粒子」であることがほぼ確実となりました。

次に問題になるのが、先ほどお話ししかけた〈熱い〉のか、〈冷たい〉のか、という点です。ここでいう、〈熱い〉か〈冷たい〉かは、温度ではなく、「速度が速い」のか、「速度が遅いのか」を意味しています。

ニュートリノは軽くて速度が速いので〈熱い粒子〉です。実は、ニュートリノが暗黒物質の座からすべりおちたのは、質量を足し合わせても足りなかったというだけではありません。

これまで宇宙の大規模構造を作るのに、暗黒物質が欠かせないという話をしてきました。でも、暗黒物質が〈熱い〉と、大規模構造ができないことがシミュレーションでわかっています。

第2章でお話しした「揺らぎ〈ムラムラ〉」を思い出してください。大規模構造ができたのは、宇宙誕生の初めのころにあった揺らぎのおかげでした。この揺らぎには暗黒物質も一役買っています。

でも、暗黒物質が、〈熱い〉と、軽くて動きが速いので、揺らぎが星や銀河に育つ間がなく、ムラムラが平らにならされてしまうのです。ですから、〈熱い〉ニュートリノは暗黒物質ではないということになるのです。

暗黒物質の条件はまだあります。「電荷を持たず」「安定している」ということです。そして、こうした条件を満たすものとして、ウィンプが想定されているのです。

★超対称性粒子

では、ウィンプの正体はなんなのでしょうか。一言でいえば、「今はまだ、皆目検討がつかない」となります。

ただし、物理学者が考えている候補はあります。中でも、最有力なのは「超対称性粒子」と呼ばれるものです。聞きなれない名前ですが、この粒子は、ヒッグス粒子とも深い関係があります。ヒッグス粒子の性質をよく調べていくと、この超対称性粒子の影がみえてくるはずだからです。

いったい、どんな粒子なのでしょうか。

この素粒子は、これまでお話ししてきた素粒子の標準理論には登場しません。標準理論を超える「超対称性理論」という新しい理論の中で予言されている素粒子だからです。

では、超対称性理論とは、どんなものなのか。もとはといえば、素粒子に働く力を統一できる理論として考え出されたものです。前に「力の統一は物理学者の夢」という話をしましたが、その夢を実現するための理論なのです。

ただ、暗黒物質との関係でいえば、この理論が予測する「超対称性粒子」が問題になります。

ここで、標準理論を構成する素粒子を思い出してください。クォークなどの〈物質構成粒子〉と、グルーオンなどの〈力伝達粒子〉、それにヒッグス粒子がありました。超対称性理論によると、これらの素粒子には、それぞれペアを組む「相棒」として「超対称性粒子」が存在することになります。

つまり、物質構成粒子と力伝達粒子、それにヒッグス粒子と、同じ種類、同じ数だけ存在していると考えます。標準理論では、まだ扱っていない「重力子」にも、相棒が存在することになります（といっても、まだ、仮想の素粒子ですから、本当に存在するかどうかはこれからです）。

では、これまで知られている素粒子と、その「相棒」の超対称性粒子は、どこがちがうのでしょうか？

それは、「スピン」と呼ばれる性質です。スピンと言われて思い出すのはフィギュアスケートの回転です。素粒子の世界のスピンも、その筋の専門家は「自転のようなもの」と説明します。でも、素粒子がくるくる回っているという話ではなさそうです。

素粒子のスピンは、0、1、2という整数、もしくは整数の2分の1の値をとります。クォークなど〈物質構成粒子〉のスピンは2分の1、光子やウィークボゾンなど〈力伝達粒子〉のスピンは1です。

発見されたばかりの標準理論のヒッグス粒子のスピンは0です。まだ発見されていない重力子のスピンは2と考えられています。

などと言われても、頭にクエスチョンマークが浮かぶばかりですが、肝心なのは、超対称性理論が成り立つなら、あるスピンをもつ粒子にはスピンが2分の1だけ異なるパートナー粒子が必ず存在するということです。これらのペア同士は、スピン以外の性質はまったく同じです。

本当に存在するかどうかはこれからですが、名前もちゃんとついています（ヒッグス粒子も、見つかる前から名前がついていましたよね）。光子（フォトン）の相方は「フォティーノ」、グルーオンの相方は「グルイーノ」、ヒッグス粒子の相方は「ヒグシーノ」といった具合です。

こうした超対称性粒子の中で、暗黒物質の候補となっているのが「ニュートラリーノ」です。ニュートラリーノは、実はひとつの粒子の名前ではありません。光子の相方である「フォティーノ」、弱い力を媒介するZ粒子の相方である「ジーノ」、ヒッグス粒子の相方である「ヒグシーノ」などの総称です。このうちのどれが暗黒物質になるかは、超対称性のいろいろなモデルによって異なります。

超対称性理論によれば、その性質はニュートリノに似ていて、どんな物質をもすり抜けてしまうのだそうです。ただし、ニュートリノと違って、重くて遅い粒子だと考えられています。つまり、暗黒物質の条件を満たす粒子です。

ヒッグス粒子の存在が見えたことによって、ヒグシーノを含むニュートラリーノの存在にも期待がかかります。

これ以外にも、暗黒物質の候補として、「アクシオン」という素粒子が想定されています。こちらは、軽いと考えられているだけでなく、「強い磁場にさらされると、光子になる」という、なんだか不思議な性質を持つ素粒子ですが、これもまだ、存在するとも、しないともいえません。

★ウィンプ探し

では、ウィンプの存在そのものを、どうやって確かめればいいのでしょうか。

ヒッグス粒子の検出に成功したＣＥＲＮは、加速器で超対称性粒子を見つけようとしています。ヒッグス粒子を検出したのと同じように、陽子と陽子を超高速でぶつけ、ビッグバンの時のような非常に高いエネルギー状態を作り出し、超対称性粒子を人工的に作り出そうというのです。

この計画は、ヒッグス粒子検出と並行して進んできました。ただ、今のところは、超対称性粒子は姿を現していません。ひとつの理由は、まだ、衝突のエネルギーが足りないのではないか、ということです。

LHCは2013年から加速器を改造し、エネルギーをさらに上げて観測を続けます。ここから、暗黒物質の最有力候補であるニュートラリーノや、それ以外の超対称性粒子が見つかってくるのではないかと、期待されています。

もしかすると、思いもよらない新粒子が見つかって、「これが暗黒物質だったのか」ということになるかもしれません。

加速器実験とは別に、暗黒物質の検出でも各国が競い合っています。日本は「XMASS」と呼ばれる装置で検出を狙います。この装置が置かれているのは、神岡鉱山の地下約1000メートル、超新星ニュートリノを捕えたスーパーカミオカンデと同じ場所です。

スーパーカミオカンデは水を使ってニュートリノを捕える装置でしたが、XMASSは「液体キセノン」を使います。球状の装置にマイナス100度ぐらいの冷たい液体キセノンを1トン入れ、ここにウィンプが飛び込んでキセノンと衝突した時に出てくる光を捕えるのです。同じような装置は、アメリカや、イタリアにも設置されています。

ミネソタ州の鉱山の地下に建設された「CDMS」という実験装置もあります。こちらはキセノンではなく、ゲルマニウムやシリコンの結晶に暗黒物質の粒子がぶつかった時の反応を捕えようとしています。実は、2010年に、この装置で「暗黒物質を検出した可能性がある」という発表がありました。でも、これは残念ながら勇み足に終わりました。ウィンプらしきものを2回検出したという話でしたが、ノイズ〈雑音〉だったことがわかったのです。

イタリアには、「DAMA」と呼ばれる検出装置があります。この装置は、季節による暗黒物質の速度や量の違いを利用して、ウィンプを捕まえようと試みてきました。ここでも、かつて「季節による暗黒物質の差を捕えた」という話がありましたが、空振りに終わりました。暗黒物質検出は、なかなかむずかしそうです。

★日本の「すみれ計画」

ウィンプ探しには、これまで述べてきた望遠鏡を使った観測も重要です。日本のすばる望遠鏡は、「すみれ計画（SuMIRe）」と名付けたプロジェクトで、これまで以上に詳細な暗黒物質の宇宙地図作りを進めようとしています。

そのための最新鋭装置として「ハイパー・シュープリム・カム」という世界で最高の性能を持つ観測用のカメラを取り付け、２０１３年の観測開始をめざしています。満月９個分にあたる空の領域を一度に撮影できるのが自慢です。このカメラでねらうのが、重力レンズ効果を用いた暗黒物質の分布の観測です。


そして、もうひとつ、この「すみれ計画」がめざしているものがあります。暗黒物質と並ぶ、現代宇宙論の最大の謎、「ダークエネルギー〈暗黒エネルギー〉」の謎《なぞ》解きです。

次の章では、宇宙に満ちる正体不明のエネルギーについて、お話ししていきます。

第4章　宇宙の運命と暗黒エネルギー

ノーベル賞の季節が近づくと、私たち科学記者は、なんとなくソワソワし始めます。今年は誰が受賞するのか。日本人がいるのか、いないのか。そんな話が飛び交うようになります。日本人だったら、業績の紹介だけでなく、その人の人となりや、これまでの苦労話、周りの人の言葉なども紹介しなくてはなりません。しかも、ノーベル賞が発表されるのはスウェーデンの時間でお昼ごろ。日本時間では夜の7時ごろになります。新聞の早番の締め切りが近づいていますから、悠長に紙面を作っているわけにはいきません。というわけで、私たちは前もって山をかけ、「この人はいずれ受賞するだろう」という人をリストアップし、あらかじめ予想できる範囲で原稿を作っておくことになります。

これまで、物理や宇宙関係で受賞した日本人は、湯川秀樹さん、朝永《ともなが》振一郎さん、江崎玲《れ》於《お》奈《な》さん、小柴昌俊さん、そして2008年の南部陽一郎さん、益川敏英さん、小林誠さんです（南部さんは、米国籍ですが、個人的には「日本人」にカウントしています）。このうち、私が科学記者としてかかわったのは、小柴さんの「ニュートリノ」と、南部さん、益川さん、小林さんの「対称性の自発的破れ」でした。

どの方も、いつか必ず受賞すると考えていたので、その点では驚きませんでした。ただし、南部先生が、益川・小林チームといっしょに受賞するとは思っていなかったので、発表の瞬間にはあっと驚きました。南部先生は、長年「必ず受賞する」といわれつつ、なかなかその日がやってこないので、私たちも気持ちが緩んでいたのでしょう。振り返ってみると、あまりに先見性がありすぎて、時代の方が南部先生についていかれなかったのではないかと思います。

実際、南部先生の「対称性の自発的破れ」という考えは、ヒッグス粒子の考えの背景ともなっています。これから花開こうとしている超対称性理論とも深くかかわっています。

もちろん、外国人が受賞したからといって、無視するわけではありません。日本人ほどに紙面を割くことはありませんが、業績をちゃんと紹介しなくてはなりませんから、いろいろな分野への目配りは必要です。

★加速膨張がノーベル賞

2011年のノーベル物理学賞の受賞者は、日本人ではありませんでしたが、「やっぱり来たか！」と納得させられる人たちでした。「宇宙の加速膨張」を観測で明らかにした米国の2チームにノーベル賞が贈られたのです。この発見こそ、暗黒物質を超える宇宙のビッグ・ミステリーの幕開けでした。

第2章で紹介した「宇宙膨張」の話を思い出してください。この私たちの宇宙は、ビッグバンで始まり、膨張を続けているということは間違いなさそうです。でも、その膨張は減速しているのか、それとも加速しているのか。もしくは一定なのか。

普通に考えれば、宇宙の中にある物質の重力で、宇宙の膨張にはブレーキがかけられているはずです。でも、ブレーキの強さはどれぐらいなのか、確かな答えはありませんでした。

この疑問に決着をつけようとしたのが、米サンフランシスコにあるローレンスバークレー国立研究所のソール・パールムターさんのチームと、ハーバード大学の若手天文学者、ブライアン・シュミットさんのチームでした。

第2章でさわりをお話ししたように、先行していたのはパールムターさんのチームで、1988年に「超新星宇宙論プロジェクト」を始めました。遠くの超新星をたくさん観測し、そこまでの距離と、遠ざかる速さを求めることによって、「宇宙の膨張が減速していることを確かめよう」と考えたのです。

かつて、ハッブルも、遠くの銀河までの距離と、遠ざかる速度から、宇宙が膨張していることを発見しました。でも、パールムターさんたちがねらう超新星は、ハッブルが観測した銀河に比べ、はるかかなたにあり、距離を測るのは簡単ではありません。

そこで、彼らが距離の手掛かりとなる「宇宙の灯台」として利用したのが「Ia型」と呼ばれる超新星です。

超新星は、これまでも紹介してきたように、恒星が一生の最後に起こす大爆発です。ただ、同じ大爆発でも超新星のタイプによってクセの違いがあります。「Ia型」の超新星は、「最も明るくなったときの明るさがだいたい同じ」という性質があります。これは、天文学者にとって、とても都合のいいことです。

なぜなら、見かけの明るさから距離がわかるからです。同じ明るさの電球をさまざまな距離においているようなもので、見かけの明るさが明るいほど近くにあり、暗いほど遠くにある、ということがわかるのです。

もうひとつ、観測からわかることがあります。光の波長のずれです。以前にお話ししたように、星が観測者である私たちから遠ざかっていく時には、波長が赤い方にずれます（これを、「赤方偏移」と呼ぶことはお話したとおりです）。遠ざかっていくサイレンの音が低く聞こえるのと似た現象です。遠ざかるスピードが速いほど、波長は大きくずれます。ですから、波長のずれを観測することによって、超新星がどれぐらいのスピードで遠ざかっているかがわかります。

星の赤方偏移は、救急車のサイレンと違って、星だけが宇宙空間を動いているのではありません。宇宙空間そのものが引き伸ばされていることによる効果です。ですから、これは、光が旅してきた宇宙空間がどれぐらい引き伸ばされているかを示している、と考えることができます。

ここで、もうひとつ思い出してほしいのは、天文学の世界では、「遠くを見る」ことは、「昔を見る」ことに等しい、ということです。従って、超新星の見かけの明るさを調べることによって、超新星までの距離と、超新星がどれぐらい昔に爆発したかがわかる、ということになります。

つまり、「Ia型」の超新星を観測することによって、「超新星までの距離」「爆発した時期」「その時代の宇宙の膨張率」がわかるということになります。ですから、距離の違うたくさんの超新星を調べれば、時がたつにつれて膨張率がどのように変化したのかがわかる、言い換えると宇宙の膨張の歴史がわかる、ということになるのです。

★謎の暗黒エネルギー

パールムターさんのグループは、この方法で観測を始めたものの、なかなか成果が上がりませんでした。そうこうするうちに、1994年の終わりになってシュミットさんが同じようなプロジェクト「高赤方偏移超新星探索チーム」を立ち上げ、追い上げにかかったのです。

2チームは追いつ追われつのレースを繰り広げましたが、結論は同じ時に論文発表され、「同着」となりました。1998年のことです。

この結果は、世界の科学者をあっといわせました。2チームは、宇宙膨張にかけられているブレーキを調べていたはずでした。ところが、発見したのはアクセルだったのです。

2チームはあわせて約50個の遠い超新星を観測しました。数十億年彼方の（言い換えると数十億年前に爆発した）超新星です。そこから宇宙膨張の歴史を割り出した結果、過去に比べて、最近の方が膨張の速度が増している、という事実が浮かび上がったのです。宇宙膨張の減速を確かめようとして観測していたのに、発見したのは、それとは逆に「膨張が加速する宇宙」という予想外の姿だったわけです。

この加速がいつごろ始まったかというと、観測や計算から考えて、50〜60億年ぐらい前のようです。宇宙の年齢が137億歳ぐらいですから、宇宙誕生から80〜90億年ぐらいたった時ということになります。

これは、物理学者にとっても、天文学者にとっても、実に驚くべき話でした。これまでお話ししてきたように、この宇宙には、星や銀河やガスなどの見える物質に加え、暗黒物質が満ちています。これらの物質には質量があるので、重力が働きます。重力は、ものを引きとめる方向に働きます。ですから、宇宙の膨張はだんだん遅くなっていくのが自然だと、誰しも考えてきたのです。

でも、現実の宇宙は、そうはなっていない、というのです。膨張を減速させようとする宇宙の物質に逆らって、何かが宇宙を加速膨張させているのです。それは、普通の物質でも、普通のエネルギーでもありません。

いったい何が宇宙のアクセルを踏んでいるのでしょうか。

専門家は、その力を「ダークエネルギー（暗黒エネルギー）」と呼びます。でも、とりあえず名前を付けただけで、正体がわかっているわけではありません。第2章で少しお話ししたように、当初から宇宙定数との関係がささやかれてきましたが、宇宙定数とて、アインシュタインが便宜的につけたりとったりしたくらいですから、実態はわかりません。

ちなみに、「ダークエネルギー」の名づけ親は、シカゴ大学の特別功労教授で世界的な宇宙論研究者のマイケル・ターナーさんだそうです。東大・カブリ数物連携宇宙研究機構（IPMU）の機関誌でのインタビューで、「名前は短くて覚えやすいこと、それなりに正確であることが大事。でも、あまり正確にしすぎない方がいいね。つまらなくなってしまうから」と語っています。なかなか、含蓄のある言葉ですね。

★暗黒エネルギーの割合

2チームの「宇宙膨張を加速させる暗黒エネルギー」は、米国の論文誌「サイエンス」で1998年の「今年のブレークスルー」に選ばれました。「サイエンス」は、英国の「ネイチャー」と並ぶ、世界でもっとも権威ある論文誌です。毎年、年末になると、その年にもっとも影響力のあった研究成果を選びます。1年の間に山のように発表される研究成果の中でも、暗黒エネルギーは非常にインパクトが強かったということを表わしています。

それから5年後の2003年、サイエンス誌は再び、暗黒エネルギーを「今年のブレークスルー」に選びました。この時は、超新星の観測による成果ではなく、WMAP衛星の成果が対象でした。

第2章でも紹介したように、WMAPの目的は、そもそも、ビッグバンの残光である宇宙背景放射の「揺らぎ〈ムラムラ〉」を、精密に測定することでした。このムラムラは、宇宙に含まれる物質の量や膨張速度とも密接に関係しあっています。ですから、WMAPは観測の結果として、この宇宙が何でできているかを、精密に描き出すことにも成功したのです。WMAPが改めて示した宇宙の組成は、「暗黒エネルギー」が宇宙の73%、「暗黒物質」が23%、そして、私たちが知っている普通の物質は4%程度にしかならない、というものでした。少し前から予想されていた宇宙の思いがけない姿にダメ押しをしたことになります。

同じ年には、「スローン・デジタル・スカイ・サーベイ（SDSS）」と呼ばれるプロジェクトも暗黒エネルギーの確認に一役買っています。SDSSは日本、米国、ドイツが共同で行っている「宇宙の地図作り」のプロジェクトで、25万個もの銀河を観測した結果から、銀河には暗黒エネルギーが働いていることが確かめられました。

どうやら、宇宙の4分の3が私たちの知らないエネルギーで満たされ、残りの4分の1が私たちの知らない素粒子で満たされていることは確かなようです。なんだか、「あなたの知っている宇宙は、ほんとの宇宙じゃないのよ」と言われている気がしてきます。

★暗黒エネルギーが歓迎されたワケ

宇宙の加速膨張が発見された結果、暗黒エネルギーの存在が明らかになり、科学者はみんな驚きました。でも彼らが頭を抱えるばかりだったかというと、実は、そうとばかりはいえません。これほど不思議なものであるにもかかわらず、宇宙膨張の加速の発見はそれまでの宇宙論の行き詰まりを一気に解決するという側面も持っていたからです。

暗黒エネルギーの名づけ親であるターナー博士によると、加速膨張のデータを見た瞬間、皆、こういったそうです。「ついに答えが得られたぞ。宇宙には暗黒物質と暗黒エネルギーが満ちていて、膨張を加速させているというわけだ。これで全てを統一的に説明できる」(東大IPMUの機関誌のインタビュー)。

実際、超新星の観測が暗黒エネルギーを明らかにする前から、重力に逆らうエネルギーがあったほうが、うまく説明がつく、という現象がいくつかあったのです。

そのうちのひとつは、「宇宙に含まれる物質の密度」と「宇宙の曲率(曲がり方)」についてです。第2章にも登場した、ちょっとややこしい話ですが、もう一度、考えてみます(図

15参照)。

まず、「宇宙の曲率(曲がり方)」ですが、ここでは「宇宙の形」と言い換えることにします。

「宇宙の形」は、アインシュタインの一般相対性理論をもとにしたもので、「プラスに曲がっている」か「マイナスに曲がっている」か「平ら」かのいずれかです。そして、「宇宙の形は、宇宙の物質の密度によって決まる」というのが、一般相対性理論が教えるこの世のことわりです。

言い換えると、「宇宙の重さ」が「宇宙の形」を決める、ということになります。宇宙が重い(物質密度が大きい)と「プラスに曲がった空間」となります。宇宙が軽い(物質密度が小さい)と、「マイナスに曲がった空間」となります。

そのどちらでもなく、ちょうど中間だった場合、宇宙は「平ら」で、「曲がりのない空間」となります。

そして、観測が示す宇宙はほとんど曲がりがなく、「平ら」でした。もし、それが本当なら、一般相対性理論によって、宇宙の重さは、重すぎず、軽すぎず、ちょうどよい重さということになります。

ところが、銀河の観測データなどから計算した宇宙の重さは、宇宙を「平ら」にするには軽すぎたのです（もちろん、暗黒物質も含めた重さです）。

つまり、観測によると「宇宙は平らに見える」。でも、観測から導かれる物質は暗黒物質を入れても「宇宙を平らにするには足りない」。

まさに、あちらを立てれば、こちらが立たずという状態で、行き詰まってしまったのです。

そこへ登場したのが、暗黒エネルギーでした。暗黒エネルギーの存在が、物質の不足を補い、宇宙を「平ら」にすることができたのです。

宇宙の形は、宇宙に含まれる物質（暗黒物質を含む）だけではなくて、暗黒エネルギーまで合わせて考えればよかったんだ、ということになります。

★宇宙年齢と宇宙定数

これだけではありません。超新星プロジェクトが暗黒エネルギーの存在を明らかにする以前から、重力にさからう「宇宙定数」の復活が取り沙汰されていました。アインシュタインのように宇宙を静止させるためではなく、「宇宙自身の年齢が、最古の星の年齢より若い」

という矛盾を解消するためです。

宇宙の中にある星は、当然のことながら、宇宙ができてから誕生したはずです。ですから、どんな星も宇宙よりは若いはずです。ところが、１９９０年代にハッブル定数がまだ決まっていないころ、ハッブル定数から導かれる宇宙の年齢が若すぎて、最古の星の方が年をとっていることになりかねないという懸念が生じたのです。宇宙が誕生するより前に、星が誕生したということは、ありえませんよね？

この矛盾を解消する有力な手段が、宇宙定数を復活させる、というものでした。


ここで私が思い出すのは、95年に東京大学で開かれた国際シンポジウム「宇宙定数と宇宙の進化」です。車椅子の物理学者スティーブン・ホーキングさんを初め、後にハッブル定数を観測によって決定した女性天文学者ウェンディー・フリードマンさん、後にＣＯＢＥ衛星で宇宙背景放射の揺らぎを発見した米カリフォルニア大学のジョージ・スムートさんら、そうそうたるメンバーが顔をそろえました。主催したのは、当時、東大の「初期宇宙研究センター」の所長を務めていたインフレーション宇宙論の佐藤勝彦さんでした。

フリードマンさんは、この前の年に、ハッブル望遠鏡を使っておとめ座銀河団までの距離を測定し、ハッブル定数の暫定的な値を80と発表していました。宇宙定数のない宇宙モデルに従うと、ハッブル定数が80の場合、宇宙年齢は約80億年となります。ところが、観測によって私たちの銀河系には百数十億歳の非常に年取った星が存在することがわかっていました。球状星団と呼ばれる天体です。

食い違う宇宙の膨張率と宇宙の年齢。このままでは、ビッグバン宇宙論が危機にさらされる。そんな雰囲気さえ漂っていました。

そこで、助けを求めて考えられたのが宇宙定数です。重力に逆らう宇宙定数を取り入れると、ハッブル定数が80でも、宇宙の年齢を150億年まで延ばすことができるのです。「正確にハッブル定数を決めた結果、宇宙年齢の矛盾を解決できなければ、宇宙定数を取り入れるしかありません」。フリードマンさんは、この時の記者会見でそう話していました。ほかにも、宇宙定数があったほうがいいという見方は有力でした。

一方、ジョージ・スムートさんの意見はちょっと違っていて、「ハッブル定数を決めたハッブル宇宙望遠鏡の観測データが違っているのではないか」というものでした。ホーキングさんにも、この矛盾をどう考えるか聞いてみました。ホーキングさんは記者会見の間中、長い時間をかけてコンピュータで文章を作り、最後に、電子音でこう答えました。「宇宙定数がゼロでない可能性はあり、そうするとおもしろいが、ゼロであるほうが自然」。

その3年後、宇宙の加速膨張が明らかになり、矛盾はすっきり解決されたのです。

これとは別に、早くから宇宙定数が必要だと考えていた日本人研究者のグループもありました。東京大学の吉井讓さん、京都大学（当時）の福来《ふくぎた》正孝さんたちのチームです。非常に遠くて暗い銀河の数や赤方偏移の観測と、理論的な計算から、1990年に「観測結果を説明するには宇宙定数が必要だ」という論文を発表したのです。この論文は、その後の観測や、観測データの解釈に、大きな影響を与えたに違いありません。

★暗黒エネルギーの正体は？

こうしてみると、暗黒エネルギーは宇宙定数だという見方が強いことがわかります。確かに、宇宙の加速膨張が明らかになった当初から、宇宙論の専門家からは「あのアインシュタインの宇宙定数がよみがえった」という言葉が聞こえてきていました。

第1章でお話ししたように、アインシュタインは当初、宇宙は静止していると信じていました。でも、自分の一般相対性理論の方程式を素直に解くと、宇宙は膨張したり収縮したりしてしまいます。そこで、宇宙を静止させようと思って方程式に付け加えたのが「宇宙定数」でした。

結果的に、ハッブルが観測によって宇宙が膨張していることを発見し、アインシュタインは「宇宙定数の導入は生涯で最大の過ち」と認めて、撤回しています。

でも、宇宙の加速膨張が明らかになって、改めて考えてみると、どうも、この「宇宙定数」が実在するのではないかと考えられるようになったのです。

「宇宙定数」の性質は、方程式の上では、重力に逆らって空間を押し広げる「斥力」です。宇宙の物質の重力が宇宙の膨張を止めようとする方向に働くのに対し、その反対に働きます。ですから、「暗黒エネルギー」は、アインシュタインが捨て去った「宇宙定数」ではないか、という考えが出てくるのは自然な話なのです。

★第2のインフレーション？

もうひとつ、宇宙の加速膨張が明らかになった時に、耳にするようになった言葉がありました。「今、第2のインフレーションが起きているのか？」という言葉です。

私がこの言葉を聞いたのは、宇宙論の専門家、佐藤勝彦さんからでした。あの、宇宙創成の時の急激な膨張「インフレーション」を提案した研究者です。いったい、どういうことなのでしょうか。

インフレーション理論は第2章でもちょっと触れましたが、何がインフレーションを起こしたかについては、まだお話ししてきませんでした。話は、ビッグバンより前の宇宙ができたてのころにさかのぼります。このころの小さな小さな宇宙には、エネルギーが満ちていました。これを「真空のエネルギー」と呼びます。

えっ？　真空は「真の空っぽ」だから、中には何も入っていないはず、と思うかもしれません。でも、物理学の世界では（特に量子力学の世界では）、「真空」は空っぽではありません。エネルギーを持っていると考えます。

このエネルギーは、空間を急激に膨張させ、最後に、「真空の相転移」と呼ばれる現象が起きます。その過程で熱エネルギーが解放され、ビッグバンが起きる、というのがインフレーション理論のシナリオです

「相転移」といわれると、とても難しい言葉に聞こえますが、実は、私たちの身の回りでも起きている現象です。たとえば、水を冷やすと氷になり、水を熱すると水蒸気になります。水は水素と酸素でできていて、その中身は何も変わらないのですが、状態が変わります。

このように、水が氷になったり、水蒸気になったりする現象を、相転移と呼びます。水が氷になる時には熱を発生します。

宇宙でも、「真空の相転移」によって真空が性質を変え、エネルギーが熱に変化し、超高温のビッグバン〈火の玉宇宙〉となったと考えるのです。

★真空のエネルギー

この話とは別に、もうひとつ、「真空のエネルギー」を示すと考えられているものがあります。例のアインシュタインの宇宙定数です。これもまた、数学的にみると、真空のエネルギーと同じものだと考えられてきました。

なんだか、話が回りまわって、頭がすっかりこんがらがってしまいそうですが、もう一度整理すると、こうなります。

アインシュタインの一般相対性理論を素直に解くと、宇宙は膨張したり、収縮したりする。それが嫌だったアインシュタインは、「宇宙定数」という重力に逆らう定数をつじつま合わせに持ち込んで、宇宙を（方程式の上で）静止させる。

ところが、現実の宇宙は膨張していることがわかり、アインシュタインは「宇宙定数」を取り下げる。そうこうするうちに、宇宙は単に膨張しているだけでなく、加速膨張していることがわかり、その加速を生んでいる「暗黒エネルギー」は、「宇宙定数」と同じ力ではないかと考えられるようになる。

こうした観測とは別に、「宇宙定数」を理論的に考えると、「真空のエネルギー」と同じものと考えられる。「真空のエネルギー」は、宇宙誕生のときに、重力に逆らって宇宙を急激に膨張させ、インフレーションを起こしたと考えられる。

つまり、「暗黒エネルギー」＝「宇宙定数」＝「真空のエネルギー」＝「インフレーションを起こしたエネルギー」ではないか、ということになります。

もし、この式がなりたつなら、宇宙誕生の時にインフレーションを起こした真空のエネルギーと同じエネルギーが、今、再び、暗黒エネルギーとして宇宙の加速膨張、すなわち第2のインフレーションを引き起こしていると考えることもできるというわけです。

★なぜ、今、加速膨張か

でも、まだよくわからない疑問があります。宇宙定数は「定数」というくらいですから、時間によって変化しない、と考えられます（時間によって変化するとしたら、定数ではなくて、変数です）。そうであれば、真空のエネルギーは、宇宙開闢《かいびゃく》以来、重力に逆らう力としてずっと宇宙に存在してきたはずです。

だとすると、なぜ、インフレーションを起こした後に鳴りを潜め、50〜60億年前（言い換えると、宇宙誕生から80〜90億年たったころ）に、再び登場し、宇宙を加速膨張させることになったのでしょうか。

ひとつの考えは、「時がたつにつれて、重力（物質密度）が薄まったため」というものです。宇宙の大きさが小さい時は、宇宙の中の物質は寄り集まっていますから、互いを引き止めあう重力の力は大きいと考えられます。

でも、宇宙が膨張するにつれて、物質は広がって密度が小さくなっていきます。その結果、それまで重力の影に隠れていた真空のエネルギー（暗黒エネルギー）の効力が、重力を上回るようになった、というのです。

重力に逆らって宇宙を押し広げる真空のエネルギーが表舞台に登場したことによって、宇

「真空の相転移」とヒッグス粒子

万物に質量を与えるヒッグス粒子も、宇宙誕生の初期に起きた「真空の相転移」と深い関係があります。

おさらいをすると、素粒子が質量を持つのは、「真空がヒッグス場に満たされたため」でした。ヒッグス場は、宇宙誕生の初めから存在していたのですが、実際に真空に満ちたのはビッグバンの後。宇宙が膨張して冷えていくと、真空の状態が変化してヒッグス場で満たされ、素粒子は質量を持つようになった、というシナリオです。

ヒッグス場が真空に満たされるようになった時に起きたのが、「対称性の自発的破れ」と呼ばれる現象です。2008年にノーベル賞を受賞した、南部陽一郎先生が唱えた、あの「対称性の自発的破れ」です。

このようにして、対称性が崩れたことによって、「真空」も性質を変えました。この変化が、「真空の相転移」です。

実は、宇宙誕生の時の「真空の相転移」は、1回だけ起きたのではなく、何回も起きました。ヒッグス粒子が素粒子に質量を与えたのは3回目の相転移、急激な膨張であるインフレーションが起きたのは2回目の相転移と考えられています。

宙膨張が加速し始めた、というシナリオです。

もしかすると、そういうことなのかもしれません。ただし、これが本当だとしても、まだ説明のつかないことがあります。

インフレーションを起こしたと考えられる真空のエネルギーに比べて、宇宙を加速膨張させている暗黒エネルギーが小さすぎるのです。

どれぐらい違うかというと、120桁《けた》。10×10×10×……と、10を120個掛け合わせただけ違うというのです。

実際、宇宙初期のインフレーションの時に起きたと考えられる急激な膨張に比べると、現在の宇宙で起きている加速膨張はずっとずっとゆるやかなものです。

この、食い違いはどうしてなのか。宇宙初めのインフレーションと、現在の加速膨張にはどんな関係があるのか。実は無関係なのか。暗黒エネルギーは真空のエネルギーなのか、そうではないのか。謎《なぞ》は解けていません。

★重力理論のバージョンアップ？

暗黒エネルギーは、結局のところ、定数ではなく、変化するのではないか、という考えも登場しました。私たちの宇宙は、時間に応じて、延びたり縮んだりする奇妙な宇宙なのかもしれません。私たちが知らない仕組みがあって、ある時だけ、宇宙に暗黒エネルギーが生み出されるのかもしれません。

また、暗黒エネルギーは、「第五の元素」ではないか、と考える人もいます。古代ギリシアには、世界は「土」「空気」「水」「火」の四つの元素に、もうひとつ「第五の元素」が加わってできているという考えがありました。それになぞらえて、現代の未解明の要素として「暗黒エネルギー」を想定する、というのです。この考え方は、「宇宙定数」とは違って、暗黒エネルギーを生み出すような「場」があるという考えです。

さらに、アインシュタインの一般相対性理論に、ちょっとした穴があるのではないか、という考えもありえます。一般相対性理論は、重力の理論ですから、もしそれが本当だとすると、重力理論に見直しが必要、ということになります。

もちろん、アインシュタインが間違っていたという話ではありません。重力の理論は、まず、ニュートンが打ち立て、その後にアインシュタインの理論が登場しました。でも、ニュートンの重力理論が間違っていたわけではありません。アインシュタインの理論はニュートンの理論では説明できない現象まで説明できるバージョンアップされた理論と言った方がいいでしょう。ですから、アインシュタインの理論を、さらにバージョンアップした方がいいという考えがあってもおかしくありません。

★宇宙の運命やいかに

「ある人は世界は炎のうちに終わるといい、ある人は氷に包まれて終わるという……」。

スウェーデン王立科学アカデミーが2011年に宇宙の加速膨張にノーベル物理学賞を贈ると発表した時のプレスリリースは、こんな引用で始まっています。英国の詩人、ロバート・フロストの「炎と氷」からの引用です。

プレスリリースは、こう続きます。「宇宙の運命やいかに。もし、今年のノーベル物理学賞の受賞者を信じるならば、氷に包まれて終わるということになるだろう」。

このことからもわかるように、暗黒エネルギーは宇宙の運命を左右する存在でもあります。

暗黒エネルギーが発見されるまで、科学者は宇宙の運命は、大きく分けて次の2つのいずれかだと考えていました。

ひとつは、宇宙の膨張が徐々に減速し、やがて膨張がとまって収縮に転じ、最後につぶれ

できすぎた偶然？

もうひとつ、暗黒エネルギーが投げかける、不思議な話があります。ちょっと神がかった話なのですが、物理学者がまじめに考えている問題です。一言で言うと、「なぜ、今なの？」という話です。

暗黒エネルギーによる宇宙の加速膨張が始まったのは、今から50～60億年ぐらい前です。暗黒物質と暗黒エネルギーの「闘い」は、最初のうちは暗黒物質が優勢で、宇宙の膨張にはゆるやかなブレーキがかかっていました。それが、50億年ぐらい前に立場が入れ替わって、暗黒エネルギーのアクセルが優勢に立ちます。その結果として、宇宙の膨張が加速に転じたわけです。

仮に、この加速膨張が、もっと早く始まったとします。すると、宇宙に存在する物質が引き付けあって集まることができず、星や銀河はできなかったはずです。当然、人類も誕生していません。

さらに、今、暗黒エネルギーの値が、暗黒物質の値と釣り合っているのは何故か、という疑問があります。この二つの量の間には直接のつながりがありませんから、何十倍、何万倍と桁が違っていてもおかしくないはずです。にもかかわらず両者の桁は違わず、ちょうどいい具合に釣り合っています。

なぜ、両者のバランスはちょうど釣り合いがとれているのか。これは、「ただの偶然とは思えない」というのが、物理学者たちの考えなのです。

他にも、人類が存在するためにしつらえたような、偶然のバランスはこの宇宙に満ちています。これらを総称して「人間原理」と呼んでいます。科学と哲学と宗教の間にあるような、ちょっと不思議な話です。

てしまうというシナリオです。宇宙が「重い」場合のシナリオで、「ビッグ・クランチ」と呼ばれます。

もうひとつは、宇宙の膨張がとまることはなく永遠に続くシナリオです。宇宙が「軽い」時のシナリオで、やがて宇宙は冷え切って星も銀河も誕生しなくなり、「ビッグ・チル〈大凍結〉」を迎えます（第2章で紹介したように、このように膨張が続くシナリオを2つに分けて考えることもあります）。

1990年代の初めごろまでは、「宇宙は軽い」と考えられ、「大凍結」の方が優勢でした。そこへ、暗黒エネルギーが登場したために、宇宙の運命は「大凍結」どころではなくなってしまいました。

宇宙の膨張がどんどん加速するにつれ、銀河も銀河団もばらばらになり、惑星系も引き裂かれ、飛び散っていきます。さらに加速が大きいと、やがて原子まででばらばらになることさえあります。こうした状況は「ビッグ・リップ〈大炸裂〉」と呼ばれています。

ビッグ・リップに至る過程では、宇宙はどんどん冷えていきます。だから「氷に包まれて終わる」ということになるのです。なかなか厳しい運命ですが、本当のところがどうなのかを知るには、まだまだ観測と研究が必要です。

★「暗黒エネルギー」の正体に迫る

今、みんなが認めている私たちの宇宙は、4分の3が暗黒エネルギー、4分の1弱が暗黒物質、普通の物質は5%にも満たないという、なんとも不思議な姿をしています。

暗黒エネルギーは定数なのか、それとも時間とともに変化する変数なのか。何より、その正体はなんなのか。これを明らかにするには、まだまだ多くの観測が必要となります。

宇宙の運命を知るには、結局のところ、暗黒エネルギーの正体を突き止め、その分布や時間に応じた変化を知らなくてはなりません。「宇宙論最大の謎」ともいわれる暗黒エネルギーの正体解明をめざして、世界の科学者が競争を繰り広げようとしています。

日本の「すみれ計画」も、そのひとつです。ハワイにあるすばる望遠鏡を使って暗黒エネルギーの正体に迫ろうとしています。第3章では、「すみれ計画」で暗黒物質の正体を探るという話をしましたが、もうひとつの大きな狙いが暗黒エネルギーの解明なのです。

すばる望遠鏡を使った暗黒エネルギー観測は、大きくわけて2つ。「重力レンズ」を利用する方法と、「バリオン振動」と呼ばれる現象を利用する方法です。

重力レンズは、以前もお話ししたように、遠くの天体の像をゆがませる性質を持っています。このゆがみが、暗黒エネルギーの量によって変化します。ですから、ゆがみの観測から逆に、暗黒エネルギーの量を調べることができます。

「バリオン振動」の方は、もっとわかりにくい現象ですが、ごくおおざっぱにいえば、宇宙の初期に生じた「音波」を利用して暗黒エネルギーを測定しようという試みです。

どちらの方法を使うにしても、とてもたくさんの銀河を観測する必要があります。少しずつ観測していては、とても間に合わないので、すばる望遠鏡に特別な観測装置を取り付けて、観測しようとしています。

★「すばる望遠鏡」も謎解きに一役

「すみれ計画」には、当然のことながら、ライバルもいます。チリの山の上にある高性能の望遠鏡を使って行う「暗黒エネルギー探査計画（DES）」もそのひとつです。

重力レンズ、バリオン振動、超新星、銀河と、4種類の観測を通して、暗黒物質の謎に迫ります。米国フェルミ国立加速器研究所を中心に、シカゴ大学やイリノイ大学、イギリス、スペイン、ブラジル、ドイツなどが共同で進めているもので、宇宙膨張の歴史を解明しよう

夜空から星が消える？

宇宙の加速膨張を発見した「高赤方偏移超新星探査チーム」のリーダー、ブライアン・シュミットさんが2012年11月に東大の安田講堂で講演しました。あまり宣伝していなかったのに、会場は一般の人や学生でぎっしり。宇宙論への関心の高さがよくわかりました。

シュミットさんが紹介した話で興味深かったのは、暗黒エネルギーがもたらす宇宙の未来の姿です。

暗黒エネルギーがどんどん宇宙を押し広げていくと、やがては、宇宙の膨張が光の速度を超えてしまう。すると、遠い星や銀河からの光は、私たちのところにとどかなくなってしまう、というのです。そうなれば、夜空に見える星や銀河がどんどん少なくなっていき、やがては星のない夜空になってしまいます。

ただし、私たちの太陽系の近くでは、暗黒エネルギーより重力が勝っているので、近くの銀河は遠ざかって行かず、逆に近づいてきます。遠い未来には銀河系とアンドロメダ銀河が衝突するというのが、天文学の予言です。

もちろん、暗黒エネルギーの正体がわからなければ、なんともいえないのですが、夜空から星が消えていくとしたら、なんともさびしいですね。

もうひとつ、シュミットさんの話で印象に残ったのは、私が頭を悩ませていた「宇宙の曲がり方」について。シュミットさんは「私もイメージできないし、イメージできる人にあったことはないから、心配しないで」と言っていたので、ホッとひと安心でした。

という計画です。

この望遠鏡に据え付けた「暗黒エネルギーカメラ」は、2012年9月に最初の画像を公表しました。それから5年間で、全天の8分の1を観測し、3億個の銀河、10万個の銀河団、4000個の超新星を測定する予定です。

DESの後には、米国の「LSST」計画も控えています。スタンフォード大学のチームが提案している計画で、チリに据えた口径8・4メートルの望遠鏡に「暗黒エネルギーカメラ」を搭載し重力レンズ効果を利用して暗黒エネルギーの観測をめざそうというものです。数日に1回ずつ全天を撮影して3Dの宇宙マップを作る計画で、うまくいけば10年後には壮大な宇宙の映画ができるというわけです。

ニューメキシコ州のアパッチポイント天文台にある専用望遠鏡を使って行う「SDSS—3計画」(SDSSの第3期)は、バリオン振動など4種類の観測をめざしています。非常に大きなスケールで銀河の3D地図を作るほか、我らが銀河系の構造の進化も追いかけます。2012年8月には、20億個の銀河の画像を含む3Dの宇宙地図のデータを公表しました。こうした地図によって、60億年前までの宇宙の歴史をたどることができます。そこから、暗黒エネルギーの情報も得られると期待されています。

第5章　宇宙の謎は解けるか

★ウロボロスの蛇《へび》

宇宙論を語るときに、物理学者がよく引き合いに出す図があります。自分の尻尾《しっぽ》を飲み込もうとしているこの大きな蛇です。ちょっとおもしろい図なので、次のページに紹介しておきます（図32）。

この蛇はギリシア神話に登場する「ウロボロス」です。インフレーション宇宙論の佐藤勝彦さんも、宇宙論や系外惑星が専門の須藤靖さんも、「宇宙は何でできているのか」を書いた東大の村山斉さんも、著書や講演の中でこのウロボロスを紹介しています。村山さんによると、古代ギリシアでは「宇宙の完全性」を示すシンボルだったそうです。

図を見るとわかるように、広大な宇宙に含まれる物質をどんどん細かくしていくと、宇宙の始まりにたどり着くことを示しています。

佐藤さんによれば、ウロボロスの図を使って、ミクロの世界の素粒子と広大な宇宙とが密接に関係していることを最初に示したのは、米国の素粒子物理学者、シェルドン・グラショ

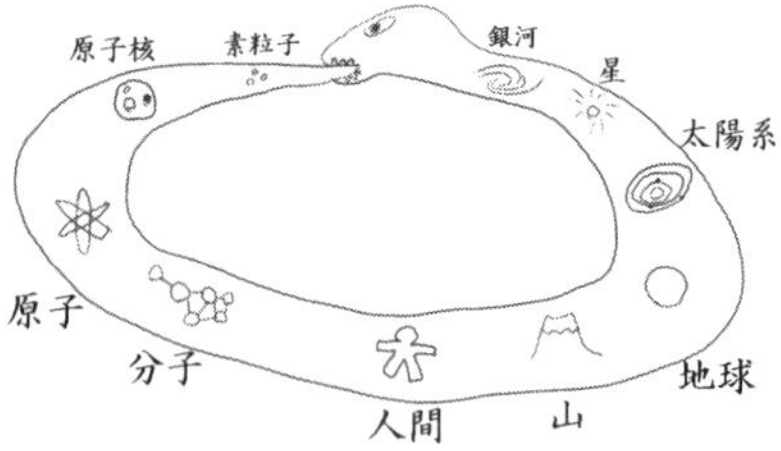

図32　ウロボロスの蛇

ウさんだそうです。

グラショウさんは、第1章で紹介した「力の統一」のうち、電磁気力と弱い力を統一する電弱統一理論で、ワインバーク、サラム両博士とともに１９７９年にノーベル物理学賞を受賞した人です。このグラショウさんは、ノーベル賞を受賞した時の受賞講演で、こんなことを言っています。

「私は、素粒子の標準理論が、完全で誤りのない理論として、そう長く生きながらえるとは思っていません」「もし、標準理論が正しいとすると、残すところは、すでに性質のわかっているいくつかの重要な素粒子の発見だけとなります。でも、実際にはそんなことはなくて、自然はまだサプライズを用意しているはずです」。

今、まさに、ヒッグス粒子の発見で、標準理論が完成の時を迎え、その先に新しい物理法則がほのかに見えてきています。グラショウさんの30年以上前の講演の内容を知ると、まるで、現在の状況を見透かしているようで、びっくりします。やっぱり、理論屋さんは「予言者」なんだという気がしてきます。

話をウロボロスに戻すと、はじめは、「何で物理学者はウロボロスの蛇が好きなんだろう」と不思議に思っていました。でも、この本を書きながら、宇宙について考えているうちに、なるほどと思うようになりました。

なぜかといえば、広大な宇宙の話をしているかと思うと、その先に目に見えない素粒子の話が出てきたり、素粒子の話をしていると、それが宇宙の始まりだったりと、なんだか世界がぐるぐる回り、それに合わせて頭も混乱してくる気がしたからです。

ですから、もし、みなさんが、ここまで宇宙と素粒子の話を読んで、頭がぐるぐる回るようでしたら、この「ウロボロスの蛇」のせいだと思ってください（私の説明がヘタクソだ、というのが真実だとしても）。

★相性の悪い天文学と素粒子論

もうひとつ、頭を混乱させる理由があります。重力の理論と量子力学、天文学と素粒子の標準理論の「相性の悪さ」です。

ヒッグス粒子の発見がほぼ確実となった2012年9月に、東大の安田講堂でヒッグス粒子の一般向け講演会が開かれました。まず、日本チームのまとめ役の一人である浅井祥仁《しょうじ》さんが登場してヒッグス粒子発見に至ったいきさつを紹介し、その次に理論屋さんである東北大学の北野龍一郎さんが「ヒッグス粒子を超えて」というタイトルで話しました。

この時に北野さんが、アインシュタインの重力理論（つまり一般相対性理論）と量子力学、天文学と素粒子の標準理論は、「相性が悪くて」と言うのを聞いた時には、目からウロコが落ちました。

重力理論は、古くはニュートン力学に支えられていました。そこにアインシュタインが登場し、ニュートン力学では説明のつかない現象まで説明できる一般相対性理論を打ち立てました。

一般相対性理論は、非常に広大な宇宙を考える時に威力を発揮する重力理論です。重力レンズのところでお話ししたように、重力があると空間と時間がゆがむ、という考え方をするので、時間と空間（時空）の理論でもあります。この空間のゆがみが、ニュートン力学の万有引力に相当します。

ウロボロスの蛇が教えるように、宇宙の歴史をさかのぼっていけば、素粒子の世界にいきつきます。素粒子の世界では、量子力学が幅を利かせています。一方で、宇宙を知るには天文学が必要です。天文学には重力理論がつきもので、一般相対性理論は欠かせません。

にもかかわらず、素粒子の話と、天文学の話は、どうもすっきりつながらない。なぜだろうと不思議に思っていたのですが、そもそも「相性が悪かった」というのです。

たとえば、天文学では、星や銀河や暗黒物質などを扱いますが、素粒子の標準理論では「星がどのようにして宇宙にできたか」さえもよく説明できないといいます。それを聞いて、すごく納得させられました。

でも、宇宙の謎《なぞ》を解こうと思ったら、「相性が悪いからしょうがない」とばかりも言ってはいられません。

なんとか、仲良くしてもらうことはできないのでしょうか？

★仲を取り持つ超対称性理論

重力の理論である一般相対性理論と、素粒子の理論である量子力学の仲を取り持つ考え方として、もっとも注目されているのは、「超対称性理論」のようです。

第1章の最後に、ヒッグス粒子の発見は、新しい物理学の法則につながるかもしれない、という話を紹介しました。その第一候補が、超対称性理論です。

そして、この理論は、第3章で紹介した「超対称性粒子」の存在を予言しています。もしかすると、暗黒物質は、超対称性粒子のひとつかもしれません。それがわかれば、宇宙の4分の1を占める暗黒物質の謎が解けます。

それだけでなく超対称性理論は「重力の理論」と「量子力学」の仲を取り持つことができるというのです。

なぜかという話は込み入っているので深入りしませんが（白状すれば、お手あげですが）、素粒子の持つスピンという特質を手がかりに両者を結びつけられるのではないかと期待されています。

超対称性理論には、「力の統一」への期待もかけられています。

プロローグで、「物理学者の夢は、すべての力の統一」という話をしました。これは何も、4つの力を無理やりギュッとくっつけようという話ではありません。

宇宙誕生の直後は、4つの力は区別できず、同じ力でした。それが、わずかな時間の間に次々と枝分かれし、4つの力になったと物理学者は考えています。「力を統一する」ということは、実際に元は同じひとつの力だったということを裏付けるということです。

これまでに標準理論の枠組みの中で統一されているのは、4つの力のうち、電磁気力と弱い力の2つだけです。これを「電弱統一理論」と呼ぶのは、第1章でお話ししたとおりです。さらに、電磁気力と弱い力に強い力を加えた3つの力を統一する理論を、「大統一理論」と呼びます。3つの力は標準理論の中でも扱っているのですが、実際にはまだ、統一されていません。

その先にあるのが、3つの力に重力も加えた4つの力を統一する「統一理論」です。歴史的にそういう名前で呼ばれてきましたが、大統一理論の先にあるので「超統一理論」といったほうがいいかもしれません。いずれにしても、これはまだ、先行きが見えていません。

そして、超対称性理論は、重力を除く3つの力の統一に、威力を発揮すると考えられているのです。

★ヒッグス粒子は5つ?

ところで、この超対称性理論が正しいとすると、ヒッグス粒子は1つではなく、複数存在することになりそうです。

えっ? やっとひとつ見つかったばかりなのに、もっとあるの、といいたくなりますが、物理学者は平気な顔をして「全部で5つ」などと言い出しています。

２０１２年7月の、ヒッグス粒子（ほぼ）発見のセミナーの最後に、ＣＥＲＮのホイヤー所長が「ヒッグス粒子は見つかった。でも、それはどのヒッグス粒子？」と述べたのも、これを意識してのことでした。第1章で述べたように、発見されたヒッグス粒子の質量は、標準理論の予言に比べて「軽すぎる」のですが、この問題も超対称性理論で解決がつくといいます。

２０１２年10月に日本を訪れたホイヤーさんは、「標準理論のヒッグスでなかったら、すごい大発見」と話していました。

こうしてみると、超対称性理論は、物理学者にとって非常に都合のいい理論ということになりそうです。ただ、ホイヤーさんによると、超対称性理論はたった1つの理論というより、いくつもの理論が関係しているようです。

ヒッグス粒子を発見したＬＨＣは、２０１３年に改修工事を行い、より強力な加速器として２０１４年秋から新たな実験を開始することになっています。そこで、超対称性粒子が見つかれば、物理学は新たな扉を開くことになります。

★新しい加速器計画

LHCとは別に、ヒッグス粒子の性質を詳しく調べようとする加速器があります。といっても、これから作る予定の加速器で、今のところ名前は「ILC（国際リニアコライダー）」。リニアというのは、線状ということですから、この加速器はLHCのような円形ではなく、直線。地下に全長30キロのトンネルを作ります。

LHCが陽子同士をぶつけていたのと違って、ILCでは電子と陽電子を衝突させる構想です。陽電子は電子と電荷だけが異なる反粒子です。

陽子同士の衝突を、ノーベル賞学者のファインマンさんが「ゴミ箱同士をぶつけるようなもの」とたとえた話がありました。陽子は素粒子ではなく、素粒子が組み合わさったものなので、ぶつけると複雑な反応が起きてしまうからです。一方、電子と陽電子は素粒子なので、ゴミは出にくく、反応はすっきり。この衝突で生み出されるヒッグス粒子を詳しく観測できるのが利点と言われています。

ヒッグス粒子だけではありません。超対称性粒子を探すのも役割のひとつです（LHCに先を越されなければですが）。高エネルギーで素粒子同士をぶつけることで、生まれたての宇宙を再現し、宇宙創成の謎、時間と空間の謎、質量の謎に迫るというのがILCのふれこみです。

実は、このＩＬＣ、日本に建設しようという動きもあります。候補として名前が挙がっているのは、岩手県の北上山地や、佐賀県と福岡県にまたがる脊振《せふり》山地です。

★超ひもと余剰次元

このように、超対称性理論に期待はかかりますが、他にも新しい理論があります。「ひも理論」や「超ひも理論」、「余剰次元」、「ブレーン宇宙（膜宇宙）」「Ｍ理論」など、なかなかエキゾチックな名前がつけられています。

といっても、それぞれの理論は無関係なわけではありません。そもそも、「ひも理論」は、「強い力」を説明する理論として１９７０年ごろに登場しました（その発案には、南部陽一郎先生も関係しています）。その後、４つの力を統一できるのではないかと思われるようになり、注目を集めるようになりました。「超ひも理論」は、超対称性を考えに入れたひも理論で、超対称性理論も必要となります。

この理論は、素粒子を「点」ではなく、「ひも」と考えます。もちろん、見えるようなひもではなく、点としか思えないような極小のひもです。そして、さまざまな素粒子の違いを、ひもの振動の違いによって説明するのです。

「ひも」だけではなく、この世界を「膜」と「ひも」で説明しようとする理論もあります。「膜」は英語で「メンブレーン」なので、ブレーン宇宙とか、ブレーンワールドなどと呼ばれたり、「M理論」と呼ばれることもあります。

以前に、車いすの宇宙物理学者、ホーキング先生がこのブレーンワールドについて語る講演会に行ったことがあります。私たちの世界は、多次元の世界の中に浮かんでいる「膜」のようなものだ、という話でした。この膜も、1枚だけとは限らず、私たちが住んでいるこの世界の隣に、もう1つ別の「影の膜」があって、「影の人間」がいるかもしれないとか。

SFのような話ですが、超ひも理論によると、宇宙は10次元まであることになっていますし、M理論では11次元あることになっています。

私たちが知っている宇宙は、空間が3次元で、時間まで入れて4次元のはず。残りはどこにあるの、という気がしますが、超ひも理論によれば、5～10次元までは畳み込まれているので、見えないのだそうです。これが「余剰次元」と呼ばれる次元です。

このような超ひも理論や余剰次元も、力の統一にとっては都合のいい理論です。特に、重力を統一することができると期待されています。相対性理論と量子論の仲を取り持つこともできると考えられています。

★マルチバース

さらにSF的な理論もあります。「マルチバース」です。宇宙は英語で「Universe（ユニバース）」。この「ユニ」という言葉は、「ひとつの」とか「唯一の」という意味です。マルチバースの「マルチ」は、「いくつもの」という意味ですから、マルチバースは「多元宇宙」、つまり、いくつもある宇宙ということになります。ひとつの宇宙にたくさんの次元がある「余剰次元」とは違う話です。

ただ、多元宇宙もまた、余剰次元と同じく、超ひも理論と深くかかわっています。なぜなら、超ひも理論が本当だとすると、さまざまな性質を持つ宇宙があることになるからです。これとは別に、インフレーション理論からも、マルチバースが導かれます。

マルチバースが本当だったら、別の宇宙にも人類はいるのか。気になるところですが、残念ながら、この理論を確かめるすべは、今のところ、まったくありません。それでも、私たちが住むこの現実の宇宙もたくさんの宇宙のひとつに過ぎないのかもしれないと思うと、とても不思議な気分になります。

★宇宙は何でできているのか

ここで、宇宙にはどんなミステリーが残されているのか、謎をとくためには何を解決すればいいのか、ここまで述べてきたことをおさらいしておきたいと思います。

宇宙の謎は大きくわけると3つ。「宇宙は何でできているのか」「宇宙はどのように始まったのか」「宇宙はこの先、どうなるのか」です。

まずは、「宇宙は何でできているのか」ですが、今、ほとんどの物理学者や天文学者が信じているのは、次のような宇宙の姿です。

・4分の3は暗黒エネルギー
・4分の1が暗黒物質
・4%程度が、普通の物質（つまり原子でできているもの）

普通の物質の中には、星や銀河、地球や私たち自身が含まれています。この普通の物質を、どんどん細かく見ていくと、素粒子に分解できます。

普通の物質を構成している素粒子は、クォークや電子などの〈物質構成粒子〉と、光子やグルーオンなどの〈力伝達粒子〉、それにヒッグス粒子です。これらの素粒子で、この宇宙を説明する理論が「素粒子の標準理論」です。

残されているミステリーは、この標準理論に登場する素粒子では、「暗黒物質」も「暗黒エネルギー」も、説明できない、という点です。

つまり、ヒッグス粒子の発見で、標準理論が完成したとしても、宇宙の96％は説明がつかない、ということになります。

★宇宙はどのように始まったのか

次に、宇宙はどうやって始まったのか。

今、ほとんどの天文学者や物理学者が信じているのは、「宇宙は約137億年前に、ビッグバンで始まった」ということです。その直前には、「インフレーション」と呼ばれる宇宙の急激な膨張があったという考えが有力です。

その前はどうなっていたかというと、ひとつの理論は「無から始まった」というものです。

これは、ウクライナ生まれで米国で研究している物理学者、ビレンキンが提案した考えで、有力な仮説です。

つまり、宇宙は137億年前に、無から誕生し、急激な膨張（インフレーション）を経て、ビッグバンが起きた。そこから、さらに膨張を続けて、今に至っている、というのが現代の多くの科学者が考える宇宙の始まりです（もちろん、理論ですから、異を唱える科学者もいます）。

そうした理論によると、誕生したての宇宙には、次のような特徴があったと考えられています。

・力は1種類しかなかった
・超対称性が保たれていた

このあと、宇宙誕生から3分間ぐらいの間に、順次、次のようなことが起きたと考えられています。

・10のマイナス44秒後　1回目の「真空の相転移」が起きて、「重力」と、それ以外の3つの力が枝分かれした
・10のマイナス36秒後　2回目の「真空の相転移」が起きて、「強い力」が枝分かれした
・おそらく、同じころに、真空のエネルギーによってインフレーションが始まり、10のマイナス33乗秒後まで続いた
・インフレーションによって宇宙は急激に大きくなり、蓄えられた真空のエネルギーが熱に変わった
・その熱によってビッグバンが起きた
・光子など質量をもたない素粒子が光速で飛び交うようになった
・10のマイナス11秒後　3回目の「真空の相転移」が起きて、「弱い力」と「電磁気力」が枝分かれした
・同じく、この相転移によって、ヒッグス場の性質が変わり、一部の素粒子に質量を与えた
・1万分の1秒後、質量を持つようになったクォーク同士が結びついて、陽子と中性子ができた
・3分後には、陽子と中性子が結びついて、原子核ができた

この時、電子はまだ飛び回っているので、宇宙には、プラスの電荷を持つ原子核と、マイナスの電荷を持つ電子が、ばらばらに飛び交っていることになります。こうした状態を「プラズマ状態」と呼びます。

プラズマ状態の空間では、光はまっすぐ進むことができません。原子核や電子にぶつかってしまうからです。

★宇宙の晴れあがりと観測の限界

そして、ようやく宇宙誕生から38万年がたったころに、原子核と電子が結びついて、原子ができます。水素原子とヘリウム原子です。そのおかげで、光や電磁波がまっすぐ進めるようになりました。これを「宇宙の晴れあがり」と呼びます（ちなみに、この言葉は京大名誉教授の佐藤文隆さんが名づけたそうです）。それまで雲や霞《かすみ》がかかったように見えなかった宇宙が晴れて、光が見えるようになったのです。

「宇宙の晴れあがり」を、望遠鏡などを使った天文学の観測という視点から考えてみてください。天文学では、「遠くを見ること」は、「昔を見ること」です。ですから、どんどん望遠鏡の性能を上げて、遠くを見ていくと、宇宙の始まりが見えるだろうという気がします。

ところが、そうはいきません。宇宙が晴れあがる前は、望遠鏡で観測できる光や電磁波は、表に出てきていないのです。ですから、望遠鏡で観測できる限界は、宇宙誕生から38万年以降です。

ビッグバン理論の「証拠」とされた、宇宙背景放射を思い出してください。宇宙誕生から38万年たった時に、晴れあがった宇宙から放たれた光が、今、絶対温度2・7度のマイクロ波背景放射として観測される、という話でした。でも、どんな観測衛星を使っても、電磁波を使う限り、これ以前の宇宙の姿を見ることはできません。

ですから、加速器実験などで宇宙が38万歳より若い時の姿を再現してみることが、宇宙誕生の様子の解明につながります。

★重力波観測

もうひとつ、可能性があるのが、「重力波」の観測です。重力波は、アインシュタインの一般相対性理論が予言する波です。これまでお話ししてきたように、重さを持つものがあると空間がゆがみます。ものが動くと、そのゆがみが時空を超えて伝わります。それが重力波です。

宇宙誕生の創成期にも重力波が存在したと考えられます。重力波は、光や電磁波とは違って、飛び交うプラズマにじゃまされることなく、「宇宙の晴れあがり」の前から、直進することができます。ですから、その観測に成功すると、電磁波ではみえない宇宙誕生の本当の初期の様子がわかるかもしれません。

重力波は非常に弱く、捕えるのは容易ではありません。でも、なんとか捕えようと、世界の研究者がねらっています。今、日本でも重力波観測装置の建設が始まっています。場所は、小柴昌俊さんが超新星ニュートリノをキャッチしたのと同じ、岐阜《ぎふ》県の神岡鉱山の地下です。観測装置の名前は「かぐら（KAGRA）」。実は、この名前を付ける命名委員会には、私も参加しました。「はやく名前をつけてあげたい」と毎日新聞のコラムに書いた作家の小川洋子さんが委員長で、まずは名前を公募し、その中から委員会で選んだのです。手前味噌ですが、なかなかいい名前ではありませんか？

ぜひ、重力波を捕えて、宇宙誕生の謎を解いてほしいと願っています。

★宇宙はこの先、どうなるのか

暗黒エネルギーの正体と、その変化の仕方によって、宇宙の運命は変わります。宇宙は引き裂かれて、ばらばらになるのか、それとも、どこかで膨張の加速が止まって収縮に転じることもあるのか。暗黒エネルギーの解明に待つしかなさそうです。

第４章で紹介したように、宇宙膨張の様子をさらに詳しく調べることによって、暗黒エネルギーの正体は少しずつ明らかになるでしょう。

もうひとつ、ＣＥＲＮのホイヤー所長が言っていたのは、「ヒッグス粒子を詳しく調べることによって、暗黒エネルギー解明のヒントが得られるかもしれない」ということでした。この２つに、直接関係があるわけではありません。ただ、ヒッグス場と、暗黒エネルギーを生みだす場には共通項がありそうで、そこに手掛かりがあるかもしれないのです。

素粒子の話から始め、宇宙の話をして、ぐるっと一周して、また戻ってきてしまったようです。ヒッグス粒子の発見で、謎が解けるのかと思ったら、その先にもっと深い謎が待ち受けていたという感じです。

物理学者の人たちの話を聞いていると、ヒッグス粒子の発見によって標準理論が完成することよりも、ちょっと奇妙なヒッグス粒子の発見によって、謎が広がることを楽しんでいるようにも見えます。

この十数年は、宇宙論でも素粒子論でも、本当におもしろい時代でした。そして、ヒッグス粒子の発見を経て、さらにおもしろい宇宙論や素粒子論の「黄金時代」が始まろうとしています。宇宙の謎解きの行方が楽しみです。

エピローグ

2013年の3月7日、再び東京大学理学部1号館でヒッグス粒子についての記者説明会が開かれました。発表者はATLAS日本グループの代表者である東大教授の小林富雄さんと、浅井祥仁さんの2人です。

もしかすると、このころに「ヒッグス粒子発見」の最終発表がなされるかもしれない。そんな憶測もあったのですが、素粒子実験の方々は、とても慎重です。見つかった新粒子がヒッグス粒子であることについては、「王手がかかった」という段階で、最終結論は持ち越しました。さらにデータの分析を重ねる必要があるというのです。とはいえ、話を聞いていると、これがヒッグス粒子ではないという可能性は、なさそうです。

一方で、見つかった新粒子が標準理論のヒッグス粒子かどうかは、当面、結論が出そうにありません。ただ、「標準理論と矛盾するところがない」という結論は、やがて出るはずです。それにしても、「標準理論は本当にうまくできている」と、小林さんと浅井さんは口をそろえていました。頭の中で考えた出した素粒子が、現実の世界を見事に説明できることがわかったからでしょう。

世紀の大活躍をしたCERNの加速器LHCは、2012年の年末から長い休みに入りました。この間に、能力をバージョンアップして、2014年の暮れから実験を再開します。めざすは、超対称性など、標準理論を超える新しい現象の発見。物理学の挑戦はまだまだ続きます。

◇　◇　◇

2011年3月の大震災以降、科学記者として原発事故と地震・津波が最重要テーマになりました。こんな大変なことが起きたのですから当然です。そんな中で、ヒッグス粒子の発見は、「科学の楽しさ」を思い出させてくれる数少ないできごとでした。

あわせて思い出したのは、小学生のころの「天文学者になりたい」という夢。この本を書いている時にも、改めて「天文学者になればよかった」と思いました（もちろん、能力は足りないと思いますが）。137億年の時を経た宇宙の片隅に私たちがいて、光のスピードで何千年、何万年もかかる宇宙の彼方が存在する。そう思うと、私たちが生きている時間や場所がここにあることが、とても不思議になります。

そんな不思議さに挑む天文学者や物理学者の仕事は、とても楽しそうに思えます（もちろん、大変なこともたくさんあるはずですが)。一方で、「話が難しくて、ついていけない」と思うこともたくさんありました。特に、素粒子物理学の理論は頭が混乱します。本書も、専門家からみると、「ん？」と言われる部分がいろいろあるかもしれません。でも、これはもっと深い宇宙の探検にでかけるための入り口。「おもしろそうだ」と思ったら、さらに専門書を読んで、深遠な宇宙の謎を探ってもらえたらと思います。

本書を出版するにあたり、宇宙論が専門の須藤靖さんに全体に目を通していただき、多くの助言をいただきました。宇宙論の佐藤勝彦さんにはインフレーション理論を中心に目を通していただき、ATLASチームの浅井祥仁さんにはヒッグス粒子を中心に素粒子物理学の部分を見ていただき、助言をいただきました。さらに、素粒子論の大栗博司さんをはじめ、物理学、天文学の分野の方々からもご助言いただきました。この場を借りて、お礼を申し上げます。もちろん、残されているであろう間違いは、筆者の責任です。

最後に、現在進行形の最先端科学を、いっしょに楽しみつつ本書を世に出してくださった、ちくまプリマー新書編集部の吉澤麻衣子さんにお礼を申し上げたいと思います。

２０１３年３月　大震災から2年目の春に　青野由利

主な日本語の参考文献

（本書を読んで興味を持った方にも、お勧めです）

浅井祥仁『ヒッグス粒子の謎』祥伝社新書　２０１２年
大栗博司『強い力と弱い力　ヒッグス粒子が宇宙にかけた魔法を解く』幻冬舎新書　２０１３年
佐藤勝彦『宇宙１３７億年の歴史』角川選書　２０１０年
佐藤勝彦『インフレーション宇宙論　ビッグバンの前に何が起こったか』講談社ブルーバックス　２０１０年
佐藤勝彦『宇宙論入門　誕生から未来へ』岩波新書　２００８年
須藤靖『ものの大きさ　自然の階層・宇宙の階層』東京大学出版会　２００６年
竹内薫『ヒッグス粒子と宇宙創成』日経プレミアシリーズ　２０１２年
村山斉『宇宙は本当にひとつなのか　最新宇宙論入門』講談社ブルーバックス　２０１１年
村山斉『宇宙は何でできているのか　素粒子物理学で解く宇宙の謎』幻冬舎新書　２０１０年

吉井譲『論争する宇宙　「アインシュタイン最大の失敗」が甦る』集英社新書　２００６年

また、以下のサイトにも、さまざまな関連情報が掲載されています

http://home.web.cern.ch/
http://atlas.ch/
http://map.gsfc.nasa.gov/
http://supernova.lbl.gov/
http://www.spacetelescope.org/

ちくまプリマー新書195

宇宙《うちゅう》はこう考《かんが》えられている　ビッグバンからヒッグス粒子《りゅうし》まで

二〇一三年四月十日　初版第一刷発行
二〇一三年七月二十日　初版第四刷発行

著者　青野由利（あおの・ゆり）

装幀　クラフト・エヴィング商會

発行者　熊沢敏之

発行所　株式会社筑摩書房
東京都台東区蔵前二-五-三　〒一一一-八七五五
振替〇〇一六〇-八-四一二三

印刷・製本　中央精版印刷株式会社

ISBN978-4-480-68896-5 C0244 Printed in Japan

乱丁・落丁本の場合は、左記宛にご送付下さい。
送料小社負担でお取り替えいたします。
ご注文・お問い合わせも左記へお願いします。
〒三三一-八五〇七　さいたま市北区櫛引町二-六〇四
筑摩書房サービスセンター　電話〇四八-六五一-〇〇五三